能源经济与低碳政策丛书

# 中国碳市场
## 从试点经验到战略考量

CARBON TRADING IN CHINA
Experience from Pilots and Strategy for Future

主 编／范 英　滕 飞　张九天
副主编／张 贤　莫建雷　朱 磊

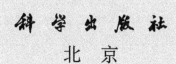

科学出版社
北 京

# 内 容 简 介

本书从碳市场实践出发，把碳市场放在应对气候变化和促进经济社会可持续发展的框架中进行分析和认识，主要内容包括碳市场作为减排政策工具的理论基础和国际经验，中国 7 个碳市场试点工作经验总结，支撑碳市场有效运行的条件，包括市场、政策法规、数据核算、监测报告核查体系及人才队伍建设等，碳市场在中国低碳发展中的战略定位、应关注的重大问题以及碳市场与其他能源环境政策的协同增效等，最后给出了相关政策建议。

本书适合能源与气候相关政府部门、大型能源企业、投资机构、战略研究机构、大专院校师生、科研院所研究人员和行业协会专家阅读。

图书在版编目（CIP）数据

中国碳市场：从试点经验到战略考量／范英，滕飞，张九天主编.
—北京：科学出版社，2016

（能源经济与低碳政策丛书）

ISBN 978-7-03-047208-3

Ⅰ.①中… Ⅱ.①范…②滕…③张… Ⅲ.①二氧化碳–排污交易–
市场分析–中国 Ⅳ.①X511

中国版本图书馆 CIP 数据核字（2016）第 013596 号

责任编辑：李 敏 王 倩／责任校对：张凤琴
责任印制：徐晓晨／封面设计：李姗姗

科学出版社 出版
北京东黄城根北街 16 号
邮政编码：100717
http://www.sciencep.com

北京京华虎彩印刷有限公司 印刷
科学出版社发行 各地新华书店经销
*

2016 年 1 月第 一 版 开本：787×1092 1/16
2017 年 3 月第二次印刷 印张：10 1/2 插页：2
字数：250 000

定价：98.00 元
（如有印装质量问题，我社负责调换）

# 序

碳排放权交易机制（碳市场）作为一种基于市场的温室气体减排政策工具，是应对气候变化领域的一项重大制度创新，由于其在成本有效性、环境有效性及政治可行性等方面的优势，近年来被越来越多的国家和地区应用于各自的减排实践中。

中国是温室气体排放大国，面临温室气体减排的艰巨任务。作为负责任的大国，中国政府已分别制定了长、中、短期温室气体控排目标，包括 2030 年 GDP 的 $CO_2$ 排放强度比 2005 年降低 60%~65%，并争取在 2030 年左右达到 $CO_2$ 排放总量峰值，以及 2020 年和"十二五"规划目标，为中国积极应对气候变化指明了战略方向。为了实现上述目标，中国政府在应对气候变化政策制度层面进行了一系列的探索创新，从 2013 年开始有 7 个地区积极开展了碳排放交易的试点，为探索应对气候变化的市场机制迈出了实质性的一步。

试点阶段于 2015 年年底结束，我们开始思考：这些试点碳市场给我们提供了哪些经验，发现了哪些问题，如何在试点基础上，建立一套有效的市场机制，推进全国统一碳市场建设，以较低的代价实现中长期减排目标，同时促进经济社会向生态文明转型。

在这样的背景下，由中国科学院、清华大学和科学技术部中国 21 世纪议程管理中心组成的联合课题组，在"十二五"国家科技支撑计划课题研究的基础上，推出了题为《中国碳市场：从试点经验到战略考量》的专著。该书系统地总结了7 个碳市场试点的实施方案、工作进展、运行表现、特色和存在的问题，分析了碳市场有效运行所需的市场环境条件，指出碳市场建设中应该关注的相关重大问题，从可持续发展和生态文明的高度提出了碳市场在应对气候变化战略中的定位、相关立法、市场监管、风险控制和发展碳衍生品与其他能源环境政策的协同等战略思考，并提出了相关政策建议。

　　这是第一本系统介绍和总结中国碳市场试点工作的书籍，也是从碳市场之外思考碳市场的一本力作。因此该书不仅具备资料丰富、分析系统的特点，而且具有一定的高度和深度，对于中国未来全国碳市场的机制设计和制度法规建设具有重要的参考价值。

国家应对气候变化专家委员会副主任

清华大学原常务副校长

二〇一五年十一月

# 前　言

碳排放权交易机制（即碳市场）是控制温室气体排放的市场机制，国际上很多国家和地区已经开始了碳排放权交易的实践。中国从 2013 年开始，先后在深圳、上海、北京、广东、天津、湖北和重庆等 7 个地区开始了碳市场的试点运行。在各个碳市场积极探索实践的基础上，2014 年 12 月《碳排放权交易管理暂行办法》颁布，2015 年 9 月，习近平主席在《中美元首气候变化联合声明》中郑重宣布中国计划于 2017 年建成全国碳市场。从局部试点到全局决策，碳市场作为减少温室气体排放的政策工具在中国即将全面采用和推广，一个全球规模最大、覆盖面最广的碳市场正在形成。

碳市场试点工作开展两年多来，各个试点市场从配额总量、分配方式、交易覆盖范围、交易规则、市场监管与核查、履约与惩罚机制等各个方面都进行了积极的探索，积累了宝贵的经验。与此同时，国际国内学者开展了大量的关于碳排放权交易机制的理论研究和实证研究，这些研究和试点实践共同支撑着中国碳市场的设计与推广。随着"十二五"计划的结束，局部碳市场试点如何走向全国范围的碳市场，碳市场机制如何在中国应对气候变化的战略中发挥积极作用，在全国碳市场的设计与规划过程中应该重点关注什么，这些问题进入了我们研究的视野。

科学技术部在"十二五"国家科技支撑计划中，将碳市场的理论研究、政策研究、支撑碳市场试点工作以及碳市场长期发展战略等内容纳入了研究支持的范围，本书编者团队都是这个项目的核心成员。本书内容是国家科技支撑计划项目的主要研究成果之一，主要内容包括碳市场作为减排政策工具的理论回顾和国际经验总结，中国 7 个碳市场试点工作的经验总结，碳市场有效运行所需要的市场条件、政策法规基础、数据核算基础、监测报告核查体系、人才队伍等，碳市场中长期战略应关注的重大问题、碳市场机制在中国低碳发展中的战略定位、碳市场与其他能源环境政策的协同增效等，最后给出了相关的政策建议。

本书定位在从碳市场试点工作的实际出发，把碳市场放在应对气候变化和经济社会可持续发展的大战略中进行分析和认识，希望能够对系统地设计碳市场，同时完善相关的市场环境条件与政策法规体系提供基础信息和科学分析，真正发挥碳市场降低全社会减排成本和控制温室气体排放的目的。

本书内容是研究团队集体研究的成果，全书的总体框架设计和组织统筹是在科学技术部中国21世纪议程管理中心的领导和组织下完成的，范英和莫建雷负责统稿。第1章由莫建雷和范英牵头完成，第2章由张九天和张贤牵头完成，第3章由滕飞牵头完成，第4章由范英、莫建雷和朱磊牵头完成。参与研究工作的还有张金良、陈跃、章成帅、张璐、王文涛、何霄嘉、揭晓蒙、李政、佟庆、王许、贾君君、涂强等，各个试点碳市场的相关人员提供了第一手的资料，他们是刘金兰、叶建东、章永洁、肖荣波、周建、汤庆合、胡静、任洪艳、徐杰明、邓羽腾、贾睿、黄媛媛、张鹏、陈垚、肖伟、曹竹等。

在研究和试点调研过程中，课题组得到了来自科学技术部、国家发展和改革委员会、清华大学、中国科学院等有关部门和单位的许多专家学者的帮助与指导，在此，我们对何建坤教授、刘燕华参事、彭斯震副主任、王文涛博士、张希良教授、陈文颖教授、李高副司长、蒋兆理副司长等专家致以最诚挚的谢意和深深的敬意！

本书研究工作得到了"十二五"国家科技支撑计划课题"碳排放交易支撑技术研究与示范"（2012BAC20B12）和国家自然科学基金项目（No. 71210005、No. 71403263、No. 71273253、No. 71203213 、No. 71203008）的支持，在此一并致谢！

限于我们的知识范围和学术水平，书中难免存在不足之处，恳请读者批评指正！

编　者

二〇一五年十月于北京

# 目　　录

# |第1章| 作为应对气候变化政策工具的碳市场

碳排放权交易机制（即碳市场）是在全球应对气候变化的时代背景下产生的，我们首先需要了解全球应对气候变化的背景、应对气候变化的政策机制、碳市场的特点和作用，以及当今世界主要碳市场的发展现状，以便更好地理解碳市场在中国应对气候变化中的战略地位和发展路线。

## 1.1 全球应对气候变化的制度演进

1979 年在日内瓦召开的世界气候大会（WCC）上，人类活动影响全球气候的证据被首次提出。这是各国政治家第一次集中关注人类活动对气候和环境的影响。由于全球对气候变化的关注，联合国环境规划署（UNEP）和世界气象组织（WMO）在 1988 年成立了政府间气候变化专门委员会（IPCC）。IPCC 的主要任务是汇总与评估有关人类碳足迹影响的科学信息，通过 1990 年、1995 年、2001 年、2007 年和 2014 年总共 5 次全球气候变化评估报告，积累了大量有关气候变化存在、诱因和影响的资料。全球地表温度监测资料显示，1906~2005 年的 100 年间，全球温度变暖的线性趋势为 0.74℃，且在 1956~2005 年的 50 年间以每 10 年 0.13℃的速度变暖。此外，与其他地区相比，高纬度的北半球地区的升温速度较快，约为全球平均升温速度的 2 倍（IPCC，2007）。温度升高的直接后果就是导致极地冰雪消融加速并最终引起海平面上升。监测资料还显示，1961~2003 年的 40 多年里，全球海平面的平均上升速率达到 1.8mm/a，而 1993~2003 年 10 年间的平均上升速率更高，达到 3.1mm/a。另外，IPCC 第四次评估报告还提供了 1956~2006 年全球极端气候事件的观测和统计结果，表明热浪、冷昼、霜冻和强降水等极端气候的发生频率在全世界范围内"可能"增加（IPCC，2007）。此外，WMO 发布的《全球大气监测年度报告 2010》也指出，1990~2009 年人为排放量增长了

27.5%，这使得2009年监测的全球温室气体浓度打破了有记录以来的最高水平。这一监测结果进一步印证了IPCC评估报告所作的预测，为此，联合国再次警告，如果人类不采取切实有效的减排行动，地球恐将面临潜在的灾难性后果。

1990年在日内瓦召开的第二次世界气候大会上，IPCC呼吁国家间通过缔结公约应对气候变化。出于这一目的，IPCC成立了政府间谈判委员会（INC）。INC在1991年2月举行第一次会议，参会代表讨论并缔结了联合国气候变化框架公约（UNFCCC）。UNFCCC构建了有关政府间应对气候变化挑战的总体框架，并于1994年3月正式生效，初期有166个国家签署，目前增加到194个。在此协议中，有关各方承认温室气体排放的大幅增加将影响陆地和海洋系统，导致地球表面空气平均温度的上升。因此UNFCCC的最终目标是将大气中温室气体的浓度稳定在防止气候系统发生灾难事件的水平上，并且所有缔约方将采取措施促进可持续技术的发展以实现经济增长的同时减少对环境的负面影响。近乎全球范围的广泛参与使该公约成为在应对气候变化方面获得最广泛支持的国际性协议之一。

尽管如此，UNFCCC只是一个没有明确时间表也没有明确各缔约方强制排放上限的提案，公约第4条仅建议各缔约方将排放量降低到1990年的水平。为此，UNFCCC将交由缔约方会议（COP）定期更新减排责任，并以议定书的法律形式制定强制性的减排目标。COP是UNFCCC的最高机构，每年至少召开一次以对有关应对气候变化的工作及其改进进行评估。同时COP需要定期汇报UNFCCC的进程，公布UNFCCC实施的所有政策工具，并做出必要的决定以促进其有效实施。UNFCCC将各缔约国分成3组：第1组即附件1（Annex Ⅰ）缔约方，包括作为1992年经济合作与发展组织（OECD）的成员国以及经济转型国家（EIT），即俄罗斯联邦和一些其他中东欧国家。第2组是附件2（Annex Ⅱ）国家，包括除经济转型国家之外的附件1国家。第3组被称为非附件1（Non-Annex I）国家，由发展中国家组成。为确保缔约国间减排的有效合作，UNFCCC组建了一个实体机构，即UNFCCC秘书处，该秘书处1996年成立于伯恩（德国），代表UNFCCC及其议定书（即《京都议定书》）行使行政职责。

《京都议定书》（KP）于1997年在日本京都召开的第三次缔约方会议（COP3）上达成，目标是"将大气中的温室气体含量稳定在一个适当的水平，进而防止剧烈的气候改变对人类造成伤害"。基于各国发展阶段不同以及不同国家对过去温室气体排放负有不同责任的事实,京都机制将各国分为两个不同的小组:附件 1 国家和非附件 1 国家,附件 1 国家需要承担更多的减排责任。具体来说,这些国家要承诺到 2012 年其温室气体排放不能超过特定年份排放量的指定比例,而对于 1990 年排放较少且正处于经济发展阶段的国家,可以获得正的排放目标。《京都议定书》的第一阶段于 2005 年 2 月生效,第一履约期始于 2008 年,到 2012 年 12 月结束。2012 年 11 月召开的多哈气候大会上(COP18)通过《京都议定书》第二承诺期(2013~2020 年)。为了对各国排放进行量化约束,各国都得到一定数量的排放单位(AAUs)。这些排放单位按照 $CO_2$ 当量($CO_2e$)计算并在每个履约期开始时进行分配。为便于 6 种不同温室气体的核算,各种气体依据其全球增温潜势进行衡量。

除了严格的规制政策外,《京都议定书》还确立了 3 种灵活机制以给予附件 1 国家减排上更大的灵活性,同时《京都议定书》要求灵活机制的使用仅能作为各附件 1 国家国内减排行动的补充,而国内减排应在完成减排放目标的工作中占据主导地位。一是国际排放权交易机制(《京都议定书》第 17 条):附件 1 国家从其他附件 1 国家得到的排放单位(AAUs)并用于履行《京都议定书》的减排承诺。二是联合履约机制(JI,《京都议定书》第 6 条):附件 1 国家通过在其他附件 1 国家投资减排项目以完成其减排目标。这些国家通过投资最终将得到用于《京都议定书》履约的减排单位(ERUs)。三是清洁发展机制(CDM,《京都议定书》第 12 条):附件 1 国家可在发展中国家(非附件 1 国家)投资减排项目,从而得到被称为核证减排量(CERs)的碳信用。这些碳信用可用于发达国家的履约。不同于 AAUs 和 ERUs,CERs 来自于没有减排任务的国家,因而放宽了附件 1 国家的履行减排义务的条件。为履行减排承诺,各国必须设立核证登记机构并接受审核以向 UNFCCC 完整汇报其减排行动。目前运作的有两类登记机构:一是国家登记机构,其以政府或者以法人实体的名义登记和交易配额。二是 CDM 执行委员会授权下的 CDM 登记处,对 CDM 减排单位进行集中管理并在 CDM 项目的参与国家间进行分配。这些登记机构负责对账户间的排放权交易进行结算。每个登记机构都与国际交易日志(ITL)进行连接并接受 UNFCCC 秘书处的监管。ITL 及时对登记结构的交易进行核实,以确保其运作与京都议定书所达成的规则相一致。

上述 3 种机制是为国际碳市场的诞生奠定了制度基础。

# 1.2　应对气候变化的政策工具及其比较

## 1.2.1　应对气候变化的政策工具

温室气体排放导致的气候变化是当前人类社会共同面临的全球环境问题。环境问题的产生是由于部分经济主体生产或消费活动存在负的外部性①。外部性问题属于市场失灵②的范畴，解决市场失灵需要引入政府政策干预。环境政策设计可选政策工具多种多样，大致可以分为两类：行政命令型政策工具和市场激励型政策工具。行政命令型政策工具包括产品排放标准、技术采用标准等；市场激励型政策工具包括价格型政策工具（排放税、补贴）和数量型政策工具（排放交易）等。此外还包括减排新技术的研发支持政策、组合政策（hybrid policy）及混合政策（policy mix）等。

1）行政命令型政策工具

行政命令型环境政策工具是政府为实现既定的污染排放治理目标，直接对企业、组织或消费者的控排技术使用（技术标准）或排放活动（排放标准）进行管制。例如，技术标准直接要求企业对相关生产工艺进行改造，安装排污处理设备，以及要求企业的产品达到一定环保标准（汽车排放标准、汽油标准）；排放标准则对企业或消费者的排放水平、排放强度、排放时间、排放地点等做出明确要求。对于政府而言，行政命令型的政策工具在实践中相对简单易行，在某些特定情况下，例如，对于某些污染物的治理，政府可能比普通民众掌握更加专业的相关知识，或者企业对于政府价格政策工具不敏感，或者对排放监测难度非常大、成本非常高而对减排设备监测相对容易的情况，行政命令型政策工具相对于其他政策工具有显著的优势，而且其减排效果在短期内即可显现，因此在环境污染治理实践中被广泛应用。

---

① 市场有效配置资源的一个前提条件是经济主体承担自身行为带来的所有成本，同时享有其创造的所有收益，当这一条件不能满足时就会发生外部性问题：不满足前者会产生负外部性问题，不满足后者会产生正外部性问题。

② 现实中存在多种市场失灵的情况，包括外部性、公共产品（public goods）供给不足、公共资源（common pool resource）过度开发、非完全竞争、不完全信息、交易成本等。

然而从成本角度（莫建雷，2014；范英等，2016）看，行政命令型政策工具往往会造成较高的减排成本。技术标准对企业减排的具体手段做出了明确规定，限制了企业主体为实现减排而自由选择减排手段的权利，因而不能鼓励企业寻找更加成本有效的方式进行减排，也不能激励企业研发低成本的减排新技术，往往会造成较高的减排成本。而政府若希望做到成本有效，需要了解每种减排技术手段的成本以及每个企业排放主体的特点，从而为每个企业选择符合他们特点的低成本减排技术。排放标准包括两类：一是对企业主体的排放量进行管制，一是对企业的排放强度进行管制，相对于技术标准而言，二者都赋予排放企业自由选择减排技术的灵活性，而前者还允许企业通过调整产量进行减排。即使如此，如果要达到全社会的减排成本最低，政府需要了解企业的排放水平以及相应的减排成本，在此基础上为每个企业确定合理的减排量（排放水平），使得减排成本较低的企业优先减排或多减排。然而由于巨大的信息需求，对于上述两种情况，政府往往是无法做到的（莫建雷，2014；范英等，2016）。

2）排放税

外部效应存在于私人边际成本和社会边际成本不一致的情况，而社会边际成本和私人边际成本的差值即为边际外部成本（MEC）（最后一单位排放造成的边际外部损失）。排放税的基本思想是：对造成环境外部性的经济活动征税（又称庇古税）（Pigou，1920），即政府对排污者的每单位污染活动征收排污税，且税率等于边际外部成本，从而使得外部效应就被内部化。在完全竞争的市场条件下，每一个排污主体通过自身成本最小化即可达到全社会成本最小化，并使整个经济活动恢复到帕累托最优。根据这种理论，对于政策制定者而言关键是设计合理的排污税率，在排污税的激励下，企业会自发选择成本较低的手段进行减排。然而在实践中由于信息的不完全，很多情况下环境外部性成本难以准确估计，并使最优税率的设计面临较大的困难。另外，征税往往会减少相关利益主体的收益并增加消费者成本，实践中也往往会遇到较大的执行阻力。因此在 20 世纪 70 年代之前的早期污染治理实践中，以限制排放法规为代表的行政命令型政策（command- and control）一直占据主导地位（Tietenberg，2006）。

3）排放权交易

1960 年，Coase（1960）发表划时代的论文，基于产权思想提出了排污权的概念，并将排污权视作一种生产要素，通过明确排污权的归属并允许排污权在排污主体之间进行交易，就可以形成排污权交易市场，市场自身可以对排污权进行定价（而不需要像庇古税那样由政府对排污权定价），这个价格就可将外部成本内部化。同时他也指出，行政命令型的政策工具阻碍了排污权流向对它估价最高的排放主体。根据 Coase 提出的排污权交易理论，外部效应是产权（排放权）没有明确界定的结果，而通过明晰产权、借助市场交易来为外部边际成本定价，从而使外部性内在化是解决这个问题的基本手段。在此基础上 Dales（1968）研究了水质污染的管制政策，并指出行政命令型的污染治理政策实质上已经创造出了排污权，然而与 Coase 提出的排污权相比，这种权利是不充分的，因为它不能在不同排放主体之间进行交易。为了提高资源配置效率，应当允许排污权在不同排污主体之间自由交易。Crocker（1966）研究了大气污染的管制政策，并指出排污权交易方案大大降低了政府排污管制的信息成本。

基于上述研究基础，Baumol and Oates（1971）和 Montgomery（1972）建立了较为完整的排放权交易理论体系：Baumol and Oates（1971）研究了较为简单的污染物（外部性仅与排放水平有关而与排放地点无关的污染物）排放权交易体系，而 Montgomery（1972）对更为复杂的污染物（外部性与排放水平和排放地点均有关的污染物）排放权交易进行了研究。

然而在实践中，排放权交易的实施也面临一定的困难和障碍。首先是排放权的确定与分配，这不仅仅涉及减排的成本效率问题，更涉及公平问题，因而往往在不同主体间、行业间及国家或地区间存在较大争议。尤其是温室气体作为具有全球外部性的气体，明确其国家归属并进行国际碳交易面临较大的政治困难。另外，排放权交易市场的建立对一个国家或地区的制度条件、法律法规、市场条件、基础设施（包括排放数据获得、排放监测等）等有较高的要求，上述条件不健全将降低排放交易市场的效率甚至导致新的市场失灵。

## 1.2.2　气候政策工具的比较和选择

如何选择政策工具是现实中面临的关键问题。政策工具选择的基础是明确政策工具的优劣判定准则。虽然环境政策工具的直接目标是实现污染控制，但政策实施往往带来广泛的社会经济影响，政策工具的选择面对多重判定标准：首先要保证政策的实际减排效果（环境有效性），其次要关注减排的成本大小（成本有效性），同时还应该考虑政策实施对不同收入群体、区域、代际的影响（公平性）（成本在不同主体之间的分布），以及政策本身的政治可行性等。

1）成本有效性

一般的环境政策成本有效性（cost effectiveness）是指为了实现一定的减排目标需要付出的成本大小，对其分析主要基于各种减排手段的成本大小比较（Farrell et al.，1999），并使成本较低的主体和技术手段优先减排，从而在达到成本有效性的条件下，所有的排放主体的边际减排成本相等。上述结论主要基于减排成本异质性的假设。在实践中，全社会中减排主体和减排手段往往具有显著的差异性，因而减排成本具有较大的异质性，主要体现在以下几个层面：对于一家企业或工厂而言，减排手段包括改变原材料投入和能源使用品种，安装末端处理设备，降低总体产量等，不同手段之间存在减排成本差异；对于一个行业而言，不同企业之间生产工艺、技术水平与管理水平差异会导致减排成本的显著不同；对于生产部门而言，不同行业之间更是存在显著的减排成本差异，如电力部门与制造业之间的差异；最后生产部门与居民消费部门之间存在显著差异（范英等，2016）。为使总体减排成本最小化，需要调动全社会成本较低的主体和手段优先减排，且在成本有效的条件下，所有减排主体和减排手段的边际减排成本将相等（Baumol and Oates，1971）。然而现实中由于各种原因，政策工具不会将所有排放主体纳入覆盖范围，此时的成本有效性要求政策工具覆盖的排放主体总体减排成本最小，且边际减排成本相等。

更深层次的成本有效性基于成本-收益分析（cost-benefit analysis），目标是福利最大化，不仅要达到减排目标的方式有效，同时要求环境目标的制定合理有效，即不仅要求所有的排放主体的边际减排成本相等，且边际减排成本等于排放的边际损失（Burtraw et al.，1998）。由于现实中排放的边际损失往往难以准确估算，所以我们实践中经常关注的成本有效性往往是指一般的成本有效性。

另外，环境政策的实施会影响到相关行业部门的投入或产出品价格，进而对其他行业或部门的产出或需求产生影响，因此环境政策成本有效性分析不仅要关注环境政策对排放主体及排放部门造成的影响，还应考虑政策对其他相关部门及整个社会造成的成本。而我们的分析视角应从局部均衡（partial equilibrium）分析扩展到一般均衡分析（general equilibrium）。环境政策实施（如环境税或配额交易）会提高产出价格，恶化已有税收造成的市场扭曲，进一步增加环境政策成本，在配额交易条件下，市场扭曲程度与配额的发放方式及配额拍卖收入的使用方式密切相关。一般认为拍卖配额并将拍卖收入用于抵减其他税收能够降低全社会的总成本（范英等，2016）。

上述判定标准是基于政策结果来判定成本有效性，另一类标准着眼于政策工具本身的有效性（Ellerman，2003；Harrison，2004）。特别地，对于基于市场的政策工具而言，完全市场假设往往是不符合现实条件的，而实际市场结构会显著影响市场的有效性，使实际价格信号偏离有效价格进而对市场配置资源的效率产生影响，市场力（market power）及交易成本（transaction cost）是影响市场有效性不可忽略的关键因素。

更加广义的环境政策成本还应包含政策实施带来的成本，包括排放监测成本、政策执行成本、交易费用（排放交易机制）等。在某些情况下对于某些特定的污染物，对其进行治理必须充分考虑政策的实施成本。

上述讨论主要基于静态的成本考虑，而更全面的政策实施成本更要考虑动态时间维度上的成本有效性，包括两个方面：一是实现减排目标的时间路径优化，二是政策工具实施对减排技术创新发展及未来减排成本演化的影响。

另外，现实之中一种新的政策工具不是在"真空环境"中实施的，而往往是在已有政策工具的基础上进行。多种政策工具并行，他们之间可能相互协同，也可能存在相互抵触的风险，因此应当关注政策的混合交叉对政策成本的影响，而评估一种新实施政策工具的成本应该将已有政策工具纳入分析框架。

最后，环境治理最大的挑战之一在于当前或未来信息的不完全或不确定。在不确定条件下，不同环境政策工具的成本具有较大的差异。根据 Weitzman（1974）的研究，边际减排成本和排放外部损失曲线的相对陡峭程度对二者成本相对有效性有显著影响。

2）环境有效性

政策工具的环境有效性（environment effectiveness）是指在减排目标确定的前提下，政策工具实施能在多大程度上保证减排目标的实现。政策目标不能实现的情况包括以下几类：一是如果减排成本过高，超过了排放主体的财务承受能力时，有可能导致企业倒闭和大量失业（范英等，2016）。在这种情况下企业和社会往往会对环境目标做出妥协，使得环境目标不能实现。因此环境政策的成本有效性会促进减排目标的实现。二是减排政策的执行难度和执行力度会显著影响排放目标的实现。例如，由于政策执行过程中排放监测难度较大或者监测成本较高，导致政府对排放主体不能进行有效检测，或者虽然能够准确检测，但由于政策激励机制不健全导致执法力度不足，从而使得排放水平超出预期目标。三是政策工具的减排激励对排放渠道或排放主体覆盖不完全，可能导致排放超出预期目标。如对于技术标准而言，要求排放主体按照政策规定安装排污处理设施或尾气处理设备，对于产品标准而言，限制单位产品的能耗或者排放水平。即使主体都能达到技术标准和产品标准要求，但由于政策不能有效抑制产量规模、行业扩张和消费总量，有可能造导致政策执行效果到位，但总体排放水平上升和环境质量恶化。例如，对于交通污染物排放而言，不仅要制定车辆的排放标准，还应有效控制车辆的保有量。四是当前或未来的不确定因素会对未来环境目标的实现产生显著影响，如减排成本的不确定性及经济技术发展的不确定性等。减排政策工具按其作用机理分为两类：一是直接对排放量进行管制，二是对排放相关的生产、消费活动及价格进行干预而间接控制排放。在存在信息不确定条件下，直接对排放水平进行管制的政策工具，其政策效果具有更大的确定性（莫建雷，2014）。

3）公平性

在完成同样的减排目标下，不同的政策工具以及同一政策工具的不同设计方案，往往导致财富（成本或收益）的不同分配结果：包括在不同主体间、行业间及区域间的分配，而财富分配结果对于政策实施的公平性及可行性具有至关重要的影响。如图 1-1 所示，排放主体的初始排放水平为 $Q_0$，如政府要把企业的排放量减少到 $Q_{cap}$，政府可以通过行政命令型的政策工具和市场激励型的政策工具来实现。对于行政命令型的政策工具，排放主体需要付出的减排成本为 $ABQ_0Q_{cap}$，且不会涉及排放主体和其他主体间的财富转移。在碳税条件下（$T'$），企业不仅仅需要付出实际减排成本 $ABQ_0Q_{cap}$，还需要付出 $OT'AQ_{cap}$ 的税收成本。在减排目标相对较低的情况下，$OT'AQ_{cap}$ 一般远远大于 $ABQ_0Q_{cap}$，企业此时甚至更偏好减排成本高昂的行政命令手段（莫建雷，2014）。而政府利用这一部分收入或者为公众提供额外的公共服务，或者将其用于抵减其他税收，最终使得公众受益。在排放交易条件下，企业若采用拍卖方式发放配额，其财富转移效应与碳税相同，而在免费配额发放条件下，相当于将稀缺性租金 $OT'AQ_{cap}$ 无偿分配给企业。企业通过提高产品价格获得额外收益，这部分收益甚至远远超过他们付出的实际减排成本，对企业造成过度补偿。政策实施的最终效果是企业有可能最终获得净收益，而企业最终能否受益，将受到两个因素影响：一是减排目标的高低，在较低的减排目标下，稀缺性租金的大小远远超过实际减排成本，企业净收益为正的可能性越大；二是产品供给弹性和需求弹性的相对大小，产品的相对供给弹性越大，产品价格提升幅度越大，企业获得额外的净收益越大。在配额交易机制下，政府通过灵活调整拍卖配额的比例，可以调整稀缺性租金在企业和社会之间的分配[①]。

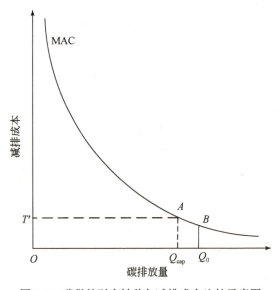

图 1-1　碳税的财富转移与减排成本比较示意图

　　除上述讨论的排放主体和公众之间的财富分配，还包括不同行业之间的分配以及不同收入群体之间的分配等，在现实实践中也需重点关注。排放主体和公众之间财富分配会对政策在现实中的可接受性及可行性产生直接影响，而不同行业之间的分配有可能对一国或地区的产业结构调整产生重要影响，不同收入群体之间的分配如设计不合理，有可能进一步加大社会群体之间的贫富差距（范英等，2016）。

---

① 配额拍卖比例设定需要在减排成本有效性和成本分担之间进行权衡。

4）可行性

政策工具的可行性是基于实践的视角判定选择政策工具的重要标准，包括技术可行性、经济可行性、政治可行性等。技术可行性是指支撑政策工具运行关键技术较为成熟且技术成本在可接受的范围之内。如现实中对汽车尾气排放进行实时监测一般不具有技术可行性或者成本高昂，而对固定排放源的污染物实时排放进行监测则具有可行性，且成本在可接受的范围内。当然技术可行性不是一成不变的，随着未来技术进步，当前技术不可行的政策工具有可能在未来成为可行。另外环境政策的实施往往会造成一定的社会成本，如生产成本增加、行业产出下降、利润下降、部分失业、消费品价格上升及居民福利下降等，经济可行性是指政策工具实施导致的总体成本在社会可接受的范围内，这是政策工具的实施前提。政治可行性是指一项政策的实施能在多大程度上得到相关利益主体的反对或支持，政治可行性往往与技术可行性及经济可行性密切相关，同时还与政策的公平性及成本在不同群体之间的分担等密切先关（范英等，2016）。

综上所述，对于上述每一条政策选择标准，不同政策工具进行比较排序就已经非常复杂，例如，对成本有效性来说，不仅仅要比较政策工具对排放主体的负面影响，更要关注政策本身的实施成本（包括监测、执法成本），以及通过一般均衡效应对其他部门造成的间接负面影响。而根据多条标准对政策工具进行比较时更是涉及不同政策工具的权重选择问题，进而使得这一问题更加复杂困难。因此政策工具的选择优化不仅仅是科学问题更是艺术问题。主要结论包括以下几点：①没有一种政策工具在所有标准维度上显著地优于其他政策工具，甚至仅仅在一个维度上的比较排序也依赖于特定的现实条件。②政策工具的选择需要对多个不同目标进行权衡，尤其是为了保证一定的公平性和可行性，往往需要牺牲一定的效率。③现实中为达到特定的目标，往往需要设计组合政策工具，以集中不同政策工具的优点，应当重点关注不同政策工具之间的交叉影响，尤其是政策之间的潜在冲突。

## 1.3　政策工具之间的潜在冲突与协调

在我国当前的能源环境政策体系中，除了为实现碳减排目标而建立的碳市场外，我国还制定了其他的政策目标与相应的政策工具，如能效目标与节能政策，可再生能源目标与可再生能源支持政策，大气污染防治目标及相应的政策措施等。具体来说，"十二五"期间，关于资源环境的约束性指标包括7个，包括单位GDP的碳排放下降17%，单位GDP能耗下降16%，非化石能源比重提高到11.4%，此外二氧化硫排放量、COD排放量下降8%，氨氮和氮氧化物排放量下降10%，而随着雾霾的出现很多地方又进一步把PM2.5作为重要的控制指标。由于这些政策的覆盖主体范围存在交叉重叠，涉的市场相互关联，因此上述多个政策目标不是相互独立的，政策工具之间也存在一定的互动影响。如能效与节能政策在减少能源消费的同时降低了温室气体排放与污染物排放，可再生能源政策在增加可再生能源供给的同时替代了化石能源，从而间接地减少了温室气体排放和污染物排放，减少大气污染排放的措施也可以减少温室气体排放（如清洁能源汽车推广等）。多个政策工具的交叉并行既存在相互促进的协同作用，也存在相互抵触的风险。其负面影响主要包括两个方面：一是导致政策实施的社会总成本增加，二是有可能导致部分政策工具失灵。如图1-1所示，假设一个经济系统中有六类排放源，总的碳排放为 $OO'$。在完全市场条件下，如果我们单纯采用碳交易机制来控制碳排放（图1-2（a）），并设定减排目标为 $OQ$，那么在碳市场均衡条件下，碳价格水平为 $P$，社会总的减排成本为 $A+B+C+D$；在第二种情境下（图1-2（b）），我们在引入碳交易机制的同时引入另一种政策工具，如对减排成本较高的排放源 $E$ 的减排进行补贴，或者对其设定技术标准，从而使得排放源 $E$ 优先减排，在这种情境下排放源 $E$ 同时受到两种政策工具的激励。在总体减排目标保持不变的条件下，新的碳市场均衡价格将降低为 $P'$，同时社会总的减排成本增加为 $A+B+C+E$。因此在全社会总的减排目标（或者碳市场的配额）确定之后，再引入其他政策工具有可能使有效碳价格水平降低，甚至导致碳价格崩溃与碳市场失灵（范英和莫建雷，2015）。例如欧盟碳市场当前碳价格水平较低，造成这一现状的原因很多（莫建雷等，2013），其中一个很重要的原因在于欧盟近年来对可再生能源发展的政策支持（补贴或者定价收购），使可再生能源在温室气体减排中扮演了重要的角色，进而减少了市场对碳配额的需求并降低了碳价格水平（Mo and Zhu，2014）。另外，新的政策工具引入后总体碳价格水平的下降，将使得高能耗高排放企业的履约成本降低，对其形成间接补贴，从而不利于长期产业结构调整目标的实现，同时将降低碳市场的资源配置效率，并增加总的社会减排成本。因此虽然 2020 年之前欧盟的能源气候政策目标中包含了具有强制约束力的碳减排目标和可再生能源发展目标，但 2030 年的政策目标中碳减排目标仍具有强制约束力，而可再生能源目标不再具有强制约束力（Sijm et al.，2014）[①]。

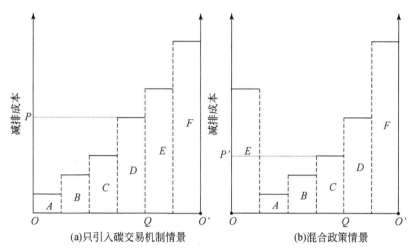

图 1-2 混合政策工具对碳市场价格水平及总体减排成本的影响示意图

资料来源：范英和莫建雷，2015

现实中混合政策设计有其一定的必要性，如通过引入新的政策工具来克服市场失灵、克服技术发展的外部性以及实现减排之外的其他目标等（Sorrell and Sijm，2003）。关键是在我国未来统一碳市场设计中，应密切关注碳市场和能效与能源消费总量控制政策、可再生能源政策、环境政策以及其他相关政策工具之间可能存在的交叉互动及相互影响，加强不同政策之间政策目标的协同性以及政策工具的互补性设计。

## 1.4 碳排放权交易机制的特点

碳排放权交易机制作为一种减排政策工具主要包括以下几个特点：减排成本

---

① 欧盟 2020 年的能源气候政策目标包括：温室气体排放比 1990 年减少 20%，可再生能源比例达到 20%，以及能源效率比 1990 年提高 20%；2030 年的目标包括：温室气体排放比 1990 年减少 40%，可再生能源比例达到 27%，以及能源效率比 1990 年提高 27%。

的相对有效性、减排效果的相对确定性、较强的政治可行性等。

## 1.4.1　减排成本的相对有效性

首先是碳市场的静态效率。碳排放交易机制作为一种典型的市场激励型的政策工具，其为所有企业的总排放空间设定了一个上限，总的排放配额被分配给各个企业主体，这些配额可以在排放主体之间进行交易，最终形成一个价格信号。在市场有效的条件下，这个价格信号能够调动整个社会中所有可能的减排资源进行减排，并引导减排成本较低的行业、主体、减排手段优先减排。如图 1-3 所示，假设有两个减排主体，减排成本分别为 MAC 和 MAC'，总体的减排目标 $OO'$。在碳交易市场条件下，不管期初政府如何分配配额，碳市场价格 $P$ 将引导排放主体优化减排决策：二者分别完成 $OQ$ 及 $O'Q$ 的减排量，从而使得总体减排成本 $OAO'$ 最小。若采用行政命令型的政策工具完成同样的减排目标，政府同样需要为两个减排主体分配排放额度（或减排量），关键的不同在于其不允许主体间配额交易。由于政府对排放主体的减排成本信息掌握不完全，配额分配往往导致无效的资源配置（如 $Q'$），进而导致总体减排成本增加（额外的成本 $ABC$）。因此相对于行政命令型的政策工具，碳排放交易机制一般会显著降低总体减排成本，尤其是在主体及减排手段之间减排成本差距较大且政府没有足够信息在主体间有效分配减排任务的条件下，碳排放交易降低减排成本的潜力越大（莫建雷，2014）。

其次是碳市场的动态效率。包括两点：一是减排资源的跨期配置，二是对未来低碳技术创新的影响。排放权交易机制不仅仅在某一时点为主体提供了减排手段选择的灵活性，同时提供了减排资源配置的时间灵活性，即排放主体可以根据自身的实际情况以及当前的市场条件灵活地安排投资决策，避免了在行政命令型政策工具下所有企业同时进行资本替代导致的过高资本成本支出。另外，碳交易市场形成的价格信号还会激励企业投资于减排技术的研发活动，促进低碳技术进步和创新，降低未来减排成本。在这一点上，排放权交易机制相对于技术标准、排放标准等行政命令型政策工具具有显著的优越性。总之，排放权交易机制充分认识到企业主体的异质性，并赋予减排主体较强的减排决策灵活性，既能降低当前的减排成本，又能优化时间跨度上的资源配置，并为未来成本降低提供激励，原则上在完成同样减排目标的条件下，碳交易机制将降低整个社会的总体减排成本（Tietenberg，2006）。

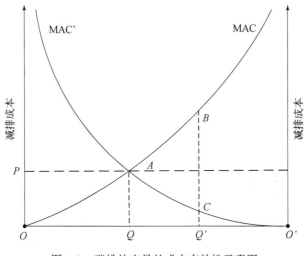

图 1-3　碳排放交易的成本有效性示意图

## 1.4.2　减排效果的相对确定性

技术标准和排放标准虽然对单个企业主体的绝对排放水平或排放强度做出了明确的要求，但是无法对于整个行业的产出水平进行控制，进而也就无法确定整个行业的排放水平。因此短期来看，技术标准和排放标准的控排效果比较显著，但长期来看，由于未来整个行业产出水平的不确定性，控排效果也具有不确定性（莫建雷，2014）。

相对于碳税而言，在未来减排成本信息不完全的条件下，碳排放交易机制的减排效果具有更大的确定性。碳税机制为企业的温室气体排放设定了一定水平的排放成本，在自身利益最大化的激励下，企业通过调整自身的排放量以使得边际减排成本与边际排放成本（碳税水平）相等。因而在一定的碳税水平下，未来的减排量是不能提前预知的，尤其是在减排成本信息匮乏的条件下，未来的减排量具有很大的不确定性。而在实施排放交易机制的条件下，只要我们对于大气环境中温室气体的容量极限有一个科学的认识，即可据此确定总体减排目标（如450ppm），使得未来污染物的排放量是相对确定的。因而从保证环境有效性的角度看，即使我们不能对减排成本信息完全掌握，但这并不会从根本上影响减排政策的制定。总体来看，为保证未来实现一定的减排目标，碳交易机制对于减排成本信息的要求相对较低。

### 1.4.3 较强的政治可行性

首先一项政策实施导致的相关主体履约成本的高低直接影响到政策的可行性。虽然从整个社会的角度看市场激励型的政策工具能够显著降低减排成本，但是不同的政策工具由于对稀缺性租金的处理方式不同会导致履约主体产生不同的履约成本。如图 1-4 所示，为将碳排放从 *OE'* 减少到 *OE*，在碳税机制下，排放主体除了需要付出直接减排成本 *AEE'B*，还需要付出税收成本 *POEA*，完成减排目标需要付出的履约总成本为二者之和。而在碳市场机制下通过灵活的配额分配方式可以调整稀缺性租金的归属，如通过免费配额分配的方式，排放主体直接付出的履约成本仅仅为直接减排成本 *AEE'B*（莫建雷，2014）。因此碳市场机制的突出优势在于其实施过程中使得履约主体承担的直接成本相对（碳税）较低，遇到的政治阻力相对较小，这也是当前欧美气候政策工具选择中碳市场被广为接受的重要原因。

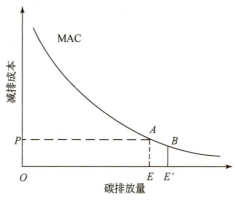

图 1-4　碳市场履约成本示意图

资料来源：莫建雷，2014

一项政策实施的政策阻力大小取决于能在多大程度上团结相关利益主体并达成政策实施的共识，或者多大程度上分化政策作用主体，以避免他们集结起来反对该项政策。碳市场相对于碳税的优势正在于此，实施碳税将使得所有排放主体成为利益受损者，从而使他们有了共同的政治立场而一起反对碳税；而碳市场的实施则会分化政策作用主体，使他们形成不同的立场：排放主体由于具有不同的减排成本，部分排放主体（减排成本较低者）将通过碳交易受益，而另一部分排放主体（减排成本较高者）受损。最终结果是部分主体支持部分主体反对，在政策设计较为合理的条件下，能够使得大部分主体受益，因而可极大降低政策实施阻力（范英等，2016）。在欧美国家的减排实践中，碳税政策往往遇到较大的政策实施阻力，所以碳税并未成为当前国际社会减排实践中主流的政策工具选项。碳排放交易机制的配额发放方式包括两种：有偿分配和免费分配。有偿分配方案（如拍卖）下的碳交易机制类似于碳税的实施效果，而免费分配方案下的碳交易机制可以降低企业主体承受的总体成本，进而降低了政策工具的实施阻力，在当前的减排实践中被广泛接受。

## 1.5 世界各国主要碳市场进展

由于国际层面缺乏统一的减排目标、政策和行动，各国及各地区正在采取各自的解决方案，这些方案包括总量控制与交易、基线与信用机制、碳税、补贴、排放标准和可再生能源及能效许可证等政策。除欧盟外，世界其他国家和地区的一些碳交易机制已经被提出，部分已经开始运行或正在被设计过程中。

### 1.5.1 欧盟

在气候变化问题上欧盟一直扮演主导的角色，并先后提出了2020年温室气体相对于1990年下降20%，2030年下降40%的目标。为了帮助其成员国履行减排承诺，很早就考虑运用碳交易机制控制温室气体排放。2000年欧盟发布了《温室气体绿皮书》宣布正式将二氧化碳排放权交易作为欧盟气候政策的重要组成部分，随后发布了《排放交易指令》草案，并经过两年的完善和修订，最终于2003年10月颁布《排放贸易指令（2003/87/EC）》，以法律的形式规定了碳排放权，并要求2005年正式执行。

欧盟排放权交易机制（EU-ETS）于2005年启动，历经第一阶段（2005～2007年）、第二阶段（2008～2012年），目前已进入第三阶段（2013～2020年），是当今世界上最大的温室气体排放权交易市场，也是欧盟国家应对气候变化的政策基石。该机制基于总量控制–交易模式（cap and trade），目前覆盖了来自 31 个国家（包括 27 个欧盟成员国以及冰岛、列支敦士登、挪威和克罗地亚）的大约 11 000 个主要排放设备的温室气体排放，包括来自电力与热力部门、能源密集型工业部门及航空业的 $CO_2$ 排放，来自硝酸、己二酸、乙二醛和乙醛酸生产工业的氮氧化物（$N_2O$）排放及来自铝业的全氟化碳（PFCs）排放，这些被覆盖设备的排放量占欧盟温室气体排放总量的 45% 左右。减排目标为到 2020 年排放量比基准年（1990 年）减少 20%，最新的减排目标是到 2030 年排放量相对于 1990 年减少 40%~45%，到 2050 年减少 80%~95%。第一阶段和第二阶段的配额分配由各国自行分配（NAPs），主要采用了免费配额分配的形式，从第三阶段开始配额分配将由各国自行分配变为由欧盟统一制定配额分配方案，并且将主要采用基于拍卖的方式进行配额发放（European Commion，2013）。为确保在欧盟范围内足够的减排措施，UNFCCC 项目抵消的使用将不能超过 EU-ETS 所要求减排量的 50%。

另外，为提振长期低迷的碳市场并稳定对未来市场的预期，欧盟已经计划在 2020 年之后引入市场稳定储备机制（MSR）。其核心方案是每一年对上一年履约后剩余配额总量进行评估，如果剩余配额总量超过 8.33 亿 t $CO_2$，则取消本期计划发放的配额分配量 1 亿 t $CO_2$，并将其置于配额储备池中；而如果剩余配额总量低于 4 亿 t$CO_2$，则从配额储备池中取出 1 亿 t $CO_2$ 以增加本年度的分配量。这些措施形成了 EU-ETS 市场调节机制的核心。

## 1.5.2 美国

美国区域温室气体协议（RGGI）于 2009 年启动，是美国州政府层面第一个强制性碳市场，包括碳排放权交易的期货和现货市场，覆盖了美国东北部和中部十个州电力部门 95% 的温室气体排放，参与主体为 25 MW 以上电厂。2009~2014 年将温室气体排放控制在 2009 年的水平，到 2018 年将温室气体排放减少 10%（以 2009 年为基准年）。在 RGGI 体系中，各洲至少要将 25% 的排放权配额进行拍卖，拍卖收入用于促进能源效率提高及推动可再生源发展。该机制允许跨期存储，不允许跨期借贷，对于碳抵消额度（offset）的使用规定了上限，第一阶段不超过

（CAP 的）3.3% ～5%，第二阶段不超过（CAP 的）10%（RGGI，2007）。

美国加利福尼亚州到2020年将温室气体排放量减至1990年的水平，并采用总量控制与交易机制作为减少温室气体排放的策略之一。在项目的第一履约期（2013～2014年），年均排放不低于 25 000t $CO_2e$ 的大型工业静态排放源和电力部门将被纳入，同时间接排放（电力进口企业）也被纳入其中。为降低减排成本，该机制允许机制覆盖企业购买和使用碳抵消以完成履约，但是抵消量不能超过年均排放量的8%。碳抵消将来自于一个有进口国际森林抵消可能性的国内碳抵消项目。加利福尼亚州也有一个严格的有关可再生能源的规定及其有关到2020年州内汽车燃料油的碳含量下降10%的要求。

## 1.5.3 澳大利亚

澳大利亚新南威尔士温室气体减排机制（NSW GGAS）于2003年启动，到2021年（或其他全国性碳市场出现时）为止，目的是降低电力生产及使用部门的碳排放，并且通过实施项目减排抵消额度鼓励非电力部门的碳减排活动。减排目标设定为从2003年的人均 8.65 $tCO_2$ 降低到2007年的 7.26 $tCO_2$，并且保持这样的排放水平直到2021年或新的全国性碳减排市场机制出现，相当于比《京都议定书》基准年（1990年）降低5%的排放量。该机制依据参与主体在电力市场销售中所占份额，指定其温室气体减排指标；参与者通过减排或购买温室气体减排许可证书（NGACs）实现减排目标。"证书制"（NGAC）是 NSW GGAS 的最大特色，证书制将发电方的低排放、节能、碳固存转化成为 NGACs，参与者根据完成的程度来购买 NGACs。另一个特点是对于可再生能源的支持，该机制要求所有的澳大利亚电力零售商和批发商从可再生能源发电商中购买一定比例的电能，同时可申请"绿色证书"（RECs），RECs 表示 1MWh 可再生能源的电能，参与者可使用 RECs 来抵消自身的温室气体排放量（GGAS，2011）。

澳大利亚原计划在3～5年的时间内筹备一个国家层面的碳顶价机制，并将其从碳税机制过渡到排放权交易机制。2011年11月，该国通过了旨在实现2020年比2000年净减排5%目标的一个清洁能源一揽子法规（Clean Energy Legislative Package）。根据该法规，2012～2015年的前三年内采用固定的碳价格机制

（CPM）。这一价格将设定在 23 澳元/t（18.5 欧元/t）（按年均 2.5% 进行指数化调整）并以类似碳税的形式运作。从 2015 年 6 月起，CPM 的价格将会浮动，但在 2018 年 6 月前价格的自由浮动要限定在一个范围之内，价格下限将设在 15 澳元/t 而价格上限将设定在超出国际碳价格 20 澳元/t 的水平。从 2015 年起，碳配额的数量（碳排放单位，CU）将限定在一个总量控制目标内。最初 5 年的 CPM 灵活价格阶段的排放上限原计划在 2014 年中期设定。通过一个滚动窗口，每年都确定一个新的排放上限，依次保证始终确保有 5 年的排放控制目标。CPM 有望覆盖来自电力部门、工业设备、逸散性排放和其他土地利用部门的约 500 个企业、占澳大利亚 60% 的 GHG 排放量。且从 2015 年 6 月起可使用国际碳信用完成其 50% 的减排义务。

然而上述碳定价方案尤其是碳税方案自提出以来便一直受到反对，澳大利亚新一届政府上台后于 2014 年 7 月宣布取消碳税，并提前进步碳排放交易定价模式。这一模式的切换使得澳大利亚的实际碳价格从 20～30 澳元/tCO$_2$ 下降到 6～10 澳元/tCO$_2$。

## 1.5.4 韩国

2012 年，韩国政府通过了排放权交易立法，规定碳市场将分为 2015～2017 年、2018～2020 年、2021～2026 年三个阶段。2015 年 1 月，韩国环境部公布最终的国家温室气体减排路线图，计划到 2020 年减排 2.33 亿 t CO$_2$e，这相当于韩国温室气体排放量比"基准情景"减少 30%。韩国环境部公布碳市场第一阶段配额总量为 16.87 亿 t，其中 15.98 亿 t 为发放给企业的碳配额，而还有 8900 万 t 则为储备配额（应对计划外的建设项目）。第一阶段共纳入了 525 家企业，门槛为年排放量高于 1.25 万 t，其中包括 84 家石化企业、40 家钢铁企业、38 家发电和能源企业、24 家汽车公司、20 家电子电器公司，以及 5 家航空公司等。这些企业的排放占据韩国温室气体排放总额的 65%，其中电力和能源配额最多，为 7.385 亿 t，钢铁 3.057 亿 t，石化 1.437 亿 t，水泥 1.28 亿 t。根据计划，排放企业必须在基准的基础上减少排放，2015 年为 5.734 亿 t，2016 年 5.621 亿 t，2017 年 5.59 亿 t。除了纳入企业之外，还有三家公共金融机构也可以参与到碳市场中，分别为韩国发展银行、韩国工业银行及韩国进出口银行。另外，企业可以使用不超过 10% 的减排量进行配额抵消，但最初两个阶段内，只能使用本国生产的减排量，第三阶段则可使用国际减排量。对于企业违约，罚款将为市场价格的 3 倍，最高不超过 10 万韩元。

除上述碳市场外国际上还有一些有特色的碳市场，如新西兰碳市场，其特点是将农业碳排放纳入交易体系中，日本东京的碳市场纳入的主要对象是公共建筑排放。

## 1.5.5　中国

中国是世界上最大的发展中国家，同时也是世界上最大的能源消费国和温室气体排放国，经济社会发展面临节能减排的巨大压力。近年来，在全球气候变化和温室气体减排的时代背景下，中国作为负责任的发展中大国也在降低能耗和减少排放方面做出了积极的努力。2005 年，国家"十一五"规划中提出了到 2010 年单位 GDP 能耗较 2005 年降低 20%，主要污染物排放总量减少 10% 左右的约束性目标，且在"十一五"规划结束时这一目标基本实现。2007 年，国务院发布并实施了《应对气候变化国家方案》，是我国第一部应对气候变化的全面的政策性文件，也是发展中国家颁布的第一部应对气候变化的国家方案。2008 年，国务院新闻办发布《中国应对气候变化的政策与行动》。随后的 2009 年 11 月，国务院常务会议提出我国 2020 年单位 GDP 的 $CO_2$ 排放相比 2005 年下降 40%~45% 的碳排放控制目标，并将其作为约束性指标纳入国民经济和社会发展中长期规划中。这一目标在随后召开的哥本哈根气候大会上作为中国承诺的自主减排计划提交到 UNFCCC 秘书处。2011 年中国"十二五"规划纲要发布，明确要求综合运用调整产业结构和能源结构、节约能源和提高能效、增加森林碳汇等多种手段，大幅度降低能源消耗强度和二氧化碳排放强度，有效控制温室气体排放。2012 年初，国务院印发关于《"十二五"控制温室气体排放工作方案的通知》，并将到 2015 年全国 $CO_2$ 排放强度较 2010 年下降 17% 的目标作为"十二五"期间的主要减排任务。2014 年 11 月，中美双方共同发表《中美气候变化联合声明》，中国计划 2030 年左右 $CO_2$ 排放达到峰值且将努力早日达峰，这是中国政府首次就自身碳排放总量提出的目标，对于全球应对气候变化并推动 2015 年底巴黎大会达成新的全球气候协议具有重要的意义。

　　中国碳排放权交易体系建立之前，碳交易概念已经随着 CDM 被介绍到中国。2004 年国家发展与改革委员会（简称"发改委"）发布有关 CDM 指导方针的白皮书，中国开始积极参与 CDM 项目交易。2008 年，在大力发展 CDM 项目交易市场的同时，部分省市（北京、上海、天津）成立环境能源交易所，开始探索建立碳交易平台。2011 年 3 月国家发布"十二五"规划明确提出建立完善温室气体排放统计核算制度，逐步建立碳排放交易市场。这是中国官方第一份明确指出建立碳交易市场降以低能耗和碳强度的文件。2011 年 10 月国家发改委发布《关于开展碳排放权交易试点》的通知，7 个地区成为碳交易试点，包括北京、上海、天津、重庆、广东、湖北和深圳。从 2013 年 6 月深圳碳交易平台启动，到 2014 年 6 月重庆碳交易平台启动，我国在一年的时间里先后启动 7 个排放权交易试点，目前 7 个试点运行平稳。在国家层面，发改委于 2012 年颁布《温室气体自愿减排交易管理暂行办法》，正式启动自愿减排项目的申报、审定、备案、签发工作流程，公布 10 个重点行业温室气体排放核算方法与报告指南，开发建设国家碳交易登记注册系统，为全国碳市场建立奠定了基础性工作。为推动试点碳市场逐步向全国碳市场过度，2014 年 12 月国家发改委发布《碳排放权交易管理暂行办法》，是第一份适用于中国国家碳市场的立法文件，为全国碳市场建立奠定了法规基础。

# |第2章| 中国碳市场试点工作经验

从 2011 年 10 月国家发改委发布《关于开展碳排放权交易试点》的通知以来，北京、上海、天津、重庆、广东、湖北和深圳 7 个碳市场试点经历了研究、设计和试运行阶段。2013 年 6 月深圳碳市场交易平台率先启动，到 2014 年 6 月重庆碳市场交易平台启动以后，中国在一年的时间里先后启动了 7 个试点碳市场。

由于试点示范的性质，各个试点碳市场在实施方案、工作进展、运行表现等方面都进行了有益的探索，呈现出不同的特色，同时存在各不相同的问题。这些宝贵的经验对全国碳市场的设计和整个节能减排工作都具有十分重大的意义。

## 2.1 主要碳市场试点实施方案

各试点地区相继公布了碳排放交易规则和相关技术支撑文件。总体来说，不同试点地区碳交易市场制度体系有其一致性的一面，如将碳排放达到一定规模的企业纳入碳排放配额管理，结合控排企业历史排放水平和行业基准水平确定各个企业的年度碳配额，允许一定比例的 CCER 抵消机制，设置了一定的风险管控措施等。但由于各试点碳交易制度设计都是基于本地区的经济社会发展情况、碳排放结构、减排任务和碳市场建设目标等要素加以设计的，因此又各具特色。

### 2.1.1 深圳碳市场实施方案

1）覆盖行业类型

深圳以第三产业为主，工业、建筑和交通是主要的碳排放源，根据工业行业性质可分为三大类：①公用事业单位，共 13 家，主要是水、燃气、电的生产供应单位；②大型企业集团，共 15 家，如华为、中兴、富士康等产值和规模较大的企业；③其他制造业企业，其中建筑行业的交易主体包括机关事务管理层、单一业主公共建筑、物业管理公司。

2）企业纳入标准和覆盖排放比例

深圳碳交易机制的覆盖标准是：年碳排放总量 5000tCO$_2$e 以上的企事业单位；建筑面积 20 000m$^2$ 以上的大型公共建筑和 10 000m$^2$ 以上的国家机关办公建筑，以及自愿加入并经主管部门批准纳入碳排放控制管理的企事业单位或建筑和主管部门指定的其他企事业单位或建筑，2013 年深圳碳市场的控排单位为 635 家工业企业和 197 栋公共建筑，2010 年这些控排单位碳排放总量合计 3173 万 t，占全市碳排放总量的 38%。

3）配额总量控制目标与设置方法

从总量设定的参考期看，深圳是以 2010 年为基年，这是因为 2010 年是中国"十二五"国民经济发展规划起始年，也是国家考核节能减排目标的参考年，适合采取碳强度下降的方法进行配额总量设置。具体来说，根据经济增长率和"十二五"期间碳强度下降目标，预测工业行业碳强度下降目标，并将该目标分解至不同的工业行业，同时结合控排单位的历史排放量、行业碳强度下降目标，确定每个管控单位的碳强度目标，并根据每个管控单位未来三年的经济增长率，倒算出所有管控单位的预分配配额数量。在这种方法下，绝对总量具有灵活性，与经济增长率挂钩，保证了本地区碳排放强度下降目标不被突破。

4）配额分配方案

深圳交易机制的配额分配采取了无偿分配和有偿分配相结合的方式，有偿分配主要采取拍卖或固定价格出售的方式。从分配制度上看，深圳碳交易机制采取了配额预分配方法，主要是以工业增加值为标准进行预配额的核算和调整，以企业期望工业增加值作为衡量标准。从分配标准看，深圳碳交易机制的分配方案中将基准线法作为配额分配的主要方法，采取基准线法进行配额分配。针对单一产品部门，深圳的预配额分配方法是企业碳强度目标乘以期望产量；对非单一产品工业部门，预配额是企业碳强度目标乘以工业增加值。为了确定单个企业的碳强度目标，深圳提出了基于有限理性重复博弈理论的碳配额分配机制。

5）配额管理方式

深圳碳交易机制的配额管理方式是，将控排企业的履约期定为每个自然年，由于深圳一次性签发三年配额，所以对后续年度签发的配额是否可以用于履行前一年度的配额履约义务进行了专门规定。

6）MRV 机制的特点

深圳出台了一系列有关碳排放报告与核查的技术指南，在碳排放量核算具有类似的 MRV 制度。在碳排放核算方法方面，主要采取的是排放因子法和物料平衡法进行企业碳排放量的核算。

7）碳抵消机制

深圳碳交易机制允许控排企业使用 10% 的中国核证减排量（CCER）进行履约。具体而言，碳抵消机制的总原则为控排企业和单位在其排放边界范围内产生的国家核证自愿减排量，不得用于抵消本省控排企业和单位的碳排放。允许使用的 CCER 比例为不超过本企业上年度实际碳排放量的 10%，且允许使用的 CCER 类型为中国核证减排量 CCER。

8）碳市场交易规则

由于深圳碳市场上线较早，在交易管理方面更为全面和详细，自 2013 年以来，一共出台了 7 项碳市场交易方面的管理细则，包括交易异常情况处理、违约违规处理、托管会员管理细则、经济会员管理细则、结算细则、风险控制管理细则等。交易主体为管控单位及符合规则规定的其他组织和个人；交易品种为碳排放权配额，CCER；交易方式为现货交易、电子拍卖、定价点选、大宗交易、协议转让。

9）遵约与惩罚机制

深圳碳交易机制对企业和核查机构的违法违规行为制定了详细而严格的管理规定，着重从经济和信用方面对企业的违约行为进行惩罚。深圳更加偏重经济惩罚，不仅对超额排放进行罚款，还取消了企业的财政资助，具有非常现实的威慑力。从深圳碳交易市场 2013 年度履约情况看，有 4 家企业未能按时履约。深圳市主管部门按照《深圳市碳排放权交易管理暂行办法》的相关规定，将 4 家企业的违约行为提供给企业社会信用管理机构和金融系统征信信息管理机构，并将名单按规定通过媒体向社会公布；将 4 家企业的违约情况通知财政部门，停止了正在享受的所有财政资助。

## 2.1.2 上海碳市场实施方案

根据《上海市人民政府关于本市开展碳排放交易试点工作的实施意见》，上海碳排放交易试点工作的实施要点主要包括：

（1）试点时间为 2013~2015 年。

（2）试点范围，包括上海市行政区域内钢铁、石化、化工、有色、电力、建材、纺织、造纸、橡胶、化纤等工业行业 2010~2011 年中任何一年 $CO_2$ 排放量在 2 万 t 及以上（包括直接排放和间接排放）的重点排放企业，以及航空、港口、机场、铁路、商业、宾馆、金融等非工业行业 2010~2011 年中任何一年 $CO_2$ 排放量 1 万 t 及以上的重点排放企业。试点企业与目前及 2012~2015 年中 $CO_2$ 排放量 1 万 t 及以上的其他企业，实行碳排放报告制度。

（3）交易参与方以试点企业为主，符合条件的其他主体也可参与交易。

（4）交易标的。以 $CO_2$ 排放配额为主，经国家核证的基于项目的温室气体减排量作为补充。

（5）配额分配原则。基于 2009~2011 年试点企业 $CO_2$ 排放水平，兼顾行业发展，适度考虑合理增长和企业先期节能减排行动，按各行业配额分配方法，一次性分配试点企业 2013~2015 年各年度碳排放配额，对部分有条件的行业，按行业基准线法进行配额分配。试点期间，碳排放初始配额实行免费发放，适时推行拍卖等有偿方式。

（6）登记注册。对碳排放配额的发放、持有、转移、注销等实行统一登记管理。

（7）交易及履约。碳排放配额交易在本市交易平台上进行，试点企业通过交易平台购买或出售持有的配额，并在每年度规定时间内，上缴与上一年度实际碳排放量相当的配额，履行碳排放控制责任。试点期间，试点企业碳排放配额不可预借，可跨年度储存使用。

（8）碳排放报告和第三方核查。建立企业碳排放监测、报告和第三方核查制度，试点企业与报告企业应于规定时间内提交上一年度企业碳排放报告，第三方核查机构对试点企业提交的碳排放报告进行核查。

（9）交易平台。依托上海环境能源交易所，建立本市碳排放交易平台，建设交易系统，组织开展交易。

（10）监督管理。建立碳排放交易监管体系，明确监管责任，对交易参与方、第三方核查机构、交易平台等进行监督管理。

## 2.1.3 北京碳交易市场实施方案

北京碳市场试点具体实施方案如下：

1）总量控制目标

"十二五"时期，单位 GDP $CO_2$ 排放下降 18%。

2）覆盖范围

北京市碳排放交易试点覆盖全市行政区域内源于固定设施的排放，目前只针对 $CO_2$ 一种温室气体。在北京市 2013～2015 年碳排放权交易试点期间，参与北京市 $CO_2$ 排放权交易试点的企业只核算其在北京市行政辖区内固定排放设施化石燃料燃烧、工业生产过程、废弃物处理的 $CO_2$ 直接排放，以及北京市行政辖区内固定设施电力消耗隐含的电力生产时的 $CO_2$ 排放。其中，年 $CO_2$ 直接排放量与间接排放量之和在 1 万 t 及以上且在中国境内注册的企业、事业单位、国家机关及其他单位为重点排放单位。

需履行年度控制 $CO_2$ 排放责任，是参与碳排放权交易的主体；年综合能耗 2000tce（含）以上的其他单位可自愿参加，参照重点排放单位进行管理，履行年度排放报告责任。符合条件的其他企业（单位）也可参与交易。

根据排放单位上报的 2009～2012 年碳排放报告，经第三方核查后，电力、热力、水泥、石化、其他工业和服务业的 415 家企业（单位）纳入 2013 年度重点排放单位，需履行强制减排责任，覆盖排放量比例在 40% 左右。

3）配额分配

北京市年度 $CO_2$ 排放配额总量包括既有设施配额、新增设施配额、配额调整量三部分。配额采取免费分配为主，少量拍卖的方式。

北京市发改委根据配额核定方法及核查报告，核定并发放重点排放单位的年度配额；并根据谨慎、从严的原则对重点排放单位配额调整申请情况进行核实，确有必要的，对配额进行调整。

4）配额管理

配额不可预借，不可储存至 2015 年后使用。同时，除免费发放的配额外，政府预留少部分配额，通过拍卖方式进行分配。调整量不能超过年度配额总量的 5%，用于重点排放单位配额调整及市场调节。可预留不超过年度配额总量的 5% 用于拍卖。

5）报告与核查

北京市 $CO_2$ 排放报告制度遵循"谁排放谁报告"原则。重点排放单位委托第三方核查机构对碳排放年度报告进行核查，于每年 4 月 30 日前向北京市发改委报送经第三方核查机构核查后的上年度碳排放报告、第三方核查报告。

根据《北京市碳排放权交易核查机构管理办法（试行）》，核查机构和核查员应在备案的核查行业领域内按照第三方核查程序指南和第三方核查报告编写指南的相关规定开展核查工作。核查机构于每年 6 月 30 日前向市主管部门提交核查机构年度工作报告。

6）实施进度计划

方案准备阶段（2011 年 11 月~2012 年 3 月），召开全市碳排放权交易试点启动大会，动员部署试点建设工作。筹备建设阶段（2012 年 4~12 月），制定发布《北京市二氧化碳排放交易市场管理办法》等市场管理规则，完成企业温室气体核算方法培训、核查及配额分配等工作。启动运行阶段（2013 年 1 月~2014 年 3 月），正式启动北京市碳排放权交易试点，研究制定引导企业参与、活跃交易市场的配套支持政策。2013 年 11 月 28 日，北京市碳排放权交易在北京市环境交易所正式开市。完善深化阶段（2014 年 4 月~2015 年 12 月），完成碳排放权交易试点工作总结评估，研究实施碳排放权期货交易等深化交易市场的相关方案，完善管理和政策体系。

7）政策法规

北京市碳交易法律框架方面的总体思路是形成"1+1+N"的政策法规体系，即制定出台政府文件、管理办法和多个配套细则，发布了 10 多项配套政策文件，实现了碳排放数据核算、第三方核查、配额核定、市场交易、履约、碳交易执法等碳交易各个环节中均有法规政策支撑，为保障试点建设各项工作规范有序开展，以及碳市场健康有序运行提供了坚实支撑和基本保障。北京"1+1+N"的政策法规体系是 7 个试点中最为系统完备的。

北京成为 7 个试点中首个颁布专门的抵消管理办法的试点。管理办法的亮点是将节能项目碳减排量、林业碳汇项目碳减排量作为抵消来源，其中节能项目减排量交易为未来碳交易与节能量交易结合提供了思路。

8）MRV 制度

MRV 制度是碳交易制度的核心制度之一，是自下而上确定配额总量、核定企业遵约的基础。北京市目前已经建立了较为完善的 MRV 制度体系，针对覆盖行业制定了碳排放核算和报告指南，明确了核算范围、核算方法、数据获取要求、报送程序等。

（1）监测。年度综合能耗 2000tce 及以上的在京登记注册企业（单位）为北京市温室气体排放的报告报送单位，须建立重点能耗活动水平数据和排放因子定期测量机制，编制年度 $CO_2$ 排放报告，并向市主管部门报送。

（2）报告。北京市 $CO_2$ 排放报告制度遵循"谁排放谁报告"原则及完整性、一致性、可比性、透明性、客观性等原则。一般情况下，固定设施所有者是 $CO_2$ 排放报告责任方。对于大型公共建筑，直接和间接排放 $CO_2$ 的固定设施的运营企业（单位）是报告责任主体。大型公共建筑的出租方有义务敦促承租方尽其责任。年度报告报送流程为：①每年 3 月 20 日前完成排放报告初次填报；②核查机构查看排放报告并开展核查工作；③重点排放单位修改调整排放报告，最终提交最新排放及核查报告。

（3）核查。重点排放单位每年 4 月 5 日前需向市主管部门提交加盖公章的纸质版碳排放报告和核查报告。市主管部门将对碳排放报告和核查报告进行审核及抽查。出台核查机构管理办法，规定核查机构的备案条件、监督管理等内容，并通过现场检查、不定期抽查等方式对备案的核查机构实施动态管理。北京市率先对新增固定资产投资项目实行碳排放评价工作，从源头降低排放；率先实行第三方核查机构和核查员的双备案制度，对碳排放报告实行第三方核查、专家评审、核查机构第四方交叉抽查，切实保障碳排放数据质量。

9）抵消机制

在 7 个试点地区中，北京市率先出台了《碳排放权抵消管理办法》（以下简称《管理办法》），允许重点排放单位使用以下经审定的碳减排量来抵消一定比例的碳排放：CCER、节能项目碳减排量、林业碳汇项目碳减排量。碳抵消使用比例不得高于当年排放配额数量的 5%，其中来自京外项目产生的核证自愿减排量不得超过 2.5%。全市每年的抵消总配额中，市内开发项目获得的国家核证自愿减排量 CCER 必须达到 50% 以上，市外开发项目的开发地优先考虑西部地区。1 个 CCER 可抵消 1t $CO_2$ 排放量。

《管理办法》有许多创新规定，如节能项目的碳减排量可成为碳抵消项目的一类；经备案但未签发的林业碳汇获有条件提前入市资格；工业气体和水电项目则被排除在北京碳抵消市场之外，河北省、天津市等与北京市签署应对气候变化、生态建设、大气污染治理等相关合作协议地区的 CCER 将被优先使用等。

北京在抵消项目的选择方面排除了 HFCs、PFCs、$N_2O$、$SF_6$ 等工业气体项目和水电项目，同时引入了经审定的节能项目碳减排量、林业碳汇项目碳减排量。对于与北京市开展区域合作的省市，在抵消制度上视同本地化处理，如河北省承德市。

10）遵约机制

北京市将报告期和履约期分别集中在每年的第一和第二季度，履约截止期设在 6 月份。即从 2014 年起，排放单位于每年 3 月 20 日之前报送上年度碳排放报告，重点排放单位于 4 月 5 日前提交核查报告并申请上年度新增设施配额和调整配额，4 月 30 日之前核发上年度新增设施配额和调整配额，6 月 30 日发放本年度既有设施碳配额。北京市重点排放单位于每年 6 月 15 日前完成上一年度的碳排放配额清缴工作（履约）。

对未遵约及未按规定进行报告、监测、核查制定了处罚规定，在处罚措施的效力方面，北京为地方立法。北京市在遵约处罚方面力度相对较大，对未及时清缴部分处以市场均价 3～5 倍的罚款，同时还在行政执法方面率先出台了专门的碳排放交易行政处罚自由裁量权规定（《关于规范碳排放权交易行政处罚自由裁量权的规定》（京发改规〔2014〕1 号））。

11）市场监管

作为新生的交易市场，由于北京碳市场的总体规模偏小，为了防止潜在的市场操纵行为，设计者主要从持仓量和交易价格两方面建立了防火墙。

（1）限制过度囤货。履约机构交易参与人碳排放配额最大持仓量不得超过本单位年度配额量与100万t之和。非履约机构交易参与人碳排放配额最大持仓量不得超过100万t。自然人交易参与人碳排放配额最大持仓量不得超过5万t。

（2）价格预警机制。为了对市场活动进行调节，北京市发改委将通过配额拍卖、配额回购等方式进行公开市场操作。北京市发改委可预留不超过年度配额总量的5%用于拍卖，当配额的日加权平均价格连续10个交易日高于150元/t时，市发改委可组织临时拍卖。当碳排放权交易市场的配额日加权平均价格连续10个交易日低于20元/t时，市发改委与市财政和金融监管等部门协商，确定是否进行配额回购，以及配额回购的数量、价格和方式等，并向北京市应对气候变化研究中心下达回购指令。具体操作由北京市应对气候变化研究中心执行。

12）跨区域合作

在开展跨区域碳排放权市场合作方面，北京率先在全国迈出了实质性的第一步。2014年12月中旬，北京市发改委、河北省发改委、承德市政府发布《关于推进跨区域碳排放权交易试点有关事项的通知》（京发改〔2014〕2645号），正式启动京冀跨区域碳排放权交易试点，京冀跨区域项目可用于北京的碳减排量抵消。

京冀两地率先启动全国首个跨区域碳排放权交易市场建设，承德市作为河北省的先期试点，其境内的纳入碳交易体系的重点排放单位将完全按照平等地位参与北京市场的碳排放交易。其他符合条件的机构和自然人也可参与交易；承德的减排项目可视同北京本地项目进行抵消使用。此外，京冀跨区域碳市场还把开发林业碳汇项目作为优先方向。2014年9月24日，北京市首个碳交易抵消项目顺义区碳汇造林一期项目在北京环境交易所挂牌。该项目是顺义区园林绿化局于在顺义区域内组织实施的平原造林项目，造林面积共计9452.2亩[①]，预签发量1995t。12月30日，首单京冀跨区域碳汇项目河北省承德市丰宁千松坝林场碳汇造林一期项目在北京环境交易所挂牌并成功交易3450t，成交额达13.1万元。截至2015年1月16日，累计成交量达1.5万余吨，成交均价38元/t，成交总额57万多元，成为京冀利用市场手段开展跨区域生态补偿的一次有益尝试。

---

① 1亩≈666.7m²。

## 2.1.4 广东碳市场实施方案

1）覆盖行业类型

广东的碳排放源主要来自工业和制造业，因此工业企业是广东碳交易机制的主要管理对象，在碳交易运行首年，电力、水泥、钢铁和石化行业是广东碳交易机制的控排行业。

2）企业纳入标准和覆盖排放比例

广东规定，凡是在广东省行政区域内2011~2014年任一年排放1万t $CO_2$（或综合能源消费量5000tce）及以上的工业企业为报告企业，即这些企业不进入配额管理和交易流程，但需要每年向政府上报本单位的碳排放量；广东省行政区域内电力、水泥、钢铁、陶瓷、石化、纺织、有色、塑料、造纸等工业行业中2011~2014年任一年排放2万t $CO_2$（或综合能源消费量1万tce）及以上的企业为控排企业，2013年将水泥、电力、石化和钢铁行业首先纳入管理，共计202家企业，占广东全省2013年碳排放量的60%左右。

3）配额总量控制目标与设置方法

从碳排放配额总量估算方法看，广东采取了"自上而下"与"自下而上"相结合的配额总量确定方法，即根据本地区的碳强度减排任务、经济发展速度预测和行业减排潜力出发，估算配额总量。广东2013年碳排放权配额量为3.88亿t，2014年配额4.08亿t，2015年配额4.08亿t，配额总量规模居全国第一，为试点地区配额总量的50%左右。从总量设定的参考期看，广东的参考值为2010~2012年的平均碳排放量，相对以固定年份为参考年而言，最大程度地消除了时间带来的排放扰动，比较接近企业实际碳排放水平。

4）配额分配方案

广东配额分配采取了无偿分配和有偿分配相结合的方式，有偿分配主要采取拍卖或固定价格出售的方式，广东主要以实际产量进行预配额的核算和调整，是根据控排企业上一年的实际产量进行配额核算。从配额分配方法看，广东独创的配额"门票制"有别于其他碳市场的配额有偿拍卖制度，将生态资源有偿化理念付诸实践，极大地提高了企业的减碳意识。从分配标准看，广东碳交易机制的分配方案中将基准线法作为配额分配的主要方法，广东将行业平均碳排放强度作为基准值，并通过年度下降系数，逐年调高基准值，达到收紧配额总量，促进企业减排的目的。

5）配额管理方式

广东碳交易机制的配额管理方式是将控排企业的履约期定为每个自然年，上一年度的配额可以结转至后续年度使用。广东碳交易机制中的新上项目配额管理与控排企业配额管理有所区别。

6）MRV 机制的特点

广东出台了一系列有关碳排放报告与核查的技术指南，在碳排放量核算具有类似的 MRV 制度。在碳排放核算方法方面，主要采取的是排放因子法和物料平衡法进行企业碳排放量的核算。

7）碳抵消机制

广东碳交易机制允许控排企业使用 10% 的中国核证减排量（CCER）进行履约。不超过本企业上年度实际碳排放量的 10%，且其中 70% 以上应当是本省温室气体自愿减排项目产生。减排项目需同时满足以下条件：①主要来自 $CO_2$、$CH_4$ 减排项目，这两种温室气体的减排量应占该项目所有温室气体减排量 50% 以上；②非来自水电项目，非来自使用煤、油和天然气（不含煤层气）等化石能源的发电、供热和余能（含余热、余压、余气）利用项目；③非来自在联合国清洁发展机制执行理事会注册前就已经产生减排量的清洁发展机制项目。

8）碳市场交易规则

广东碳交所目前只颁布了碳排放管理规则、会员管理暂行办法和交易收费标准 3 项管理规定。参与配额交易的主体为控排企业、新建项目企业、符合规定的投资机构和个人投资者；交易品种为碳排放权配额（CCER）；交易方式为挂牌竞价、挂牌点选、单向竞价、协议转让。

9）遵约与惩罚机制

广东碳交易机制对企业和核查机构的违法违规行为制订了严格的详细而严格的管理规定，着重从经济和信用方面对企业的违约行为进行惩罚。支持已履行责任的企业优先申报国家支持低碳发展、节能减排、可再生能源发展、循环经济发展等领域的有关资金项目，优先享受省财政低碳发展、节能减排、循环经济发展等有关专项资金扶持。下一年度扣除未足额清缴部分 2 倍配额，并处以 5 万元罚款。

## 2.1.5 天津碳市场实施方案

1）政策法规

2010 年 3 月 19 日，天津市发布了《天津市应对气候变化方案》。方案提出"充分利用我市排放权交易所平台，在国家相关部门指导下，开展节能和碳排放权交易试点工作，探索碳交易机制"。2011 年 5 月，天津市温室气体清单编制工作全面启动，8 月发布了《关于天津排放权交易市场发展的总体方案》。

《关于天津排放权交易市场发展的总体方案》提出，在探索碳排放交易市场建设方面，天津的工作主要有三个方面：争取国家发改委批准碳交易试点方案，全面推动碳交易市场建设；积极开展自愿碳减排交易体系建设；探索建设基于强制性碳强度目标的碳交易体系。

2011 年 11 月被国家发改委列入碳排放权交易试点地区以来，天津市制定并发布了实施方案、管理办法等政策文件，并在配额分配、排放测量报告与核查、登记注册、交易等多个领域制定了相关的规范性文件，总体形成了较为完善的政策体系。

2）管理办法

2013 年 12 月 20 日，天津市政府办公厅印发了《天津市碳排放权管理暂行办法》，这是在《实施方案》基础上进一步细化相关内容，具体指导天津开展碳排放权交易的政策法规。管理办法明确了天津市碳排放权交易的原则、适用范围和主管部门，并对配额管理、碳排放监测报告与核查、碳排放权交易、监管与激励、法律责任等方面进行了具体规定。实施方案和管理办法明确了天津市实施碳排放总量控制制度和总量控制下的碳排放权交易制度、二氧化碳重点排放源报告制度、碳排放核查制度。它明确了碳排放权交易的法律依据和市场体系规则，规范市场活动，保障碳排放权交易市场健康、有序、持续发展。

3）组织领导

在组织领导方面，天津市政府成立了碳排放权交易试点工作领导小组，由分管市领导（常务副市长）任组长，市发改委、市金融办、市法制办、市经济和信息化委、市国资委、市建设交通委、市财政局、市统计局、市质监局、市环保局、天津证监局等部门相关负责人为成员，统筹协调试点工作。领导小组办公室设在市发改委，由市发改委主要负责人任办公室主任，具体负责试点工作的推进落实。

4）覆盖范围

天津碳市场覆盖范围可以从行业企业及温室气体种类两个层面描述。

根据《国民经济行业分类》和 2009 年以来重点用能单位的能源统计数据，天津市将钢铁、化工、电力热力、石化、油气开采等五大重点排放行业和民用建筑领域中 2009 年以来年排放 $CO_2$ 2 万 t 以上的企业纳入交易体系。根据初始核查情况，天津市确定了 114 家纳入企业并公布了企业名单，其中钢铁企业 51 家，电力企业 30 家，化工企业 24 家，油气开采企业 4 家，石化企业 5 家。建筑业由于涉及主体界定、产权等诸多复杂问题，加之单体排放量难以拿到纳入企业门槛，因此暂未纳入交易体系。

从行业来看，与北京、上海、深圳等试点覆盖了服务业等第三产业不同，天津市碳排放权交易试点仅覆盖了工业企业，纳入的 5 个行业企业排放量占全市排放量的 50%～60%，体现出天津市温室气体排放相对集中的特点。从企业数量来看，钢铁行业作为天津市的支柱产业，在碳排放权交易试点企业数量中占到 45%，电力和化工行业分别占比为 26% 和 21%。

考虑到天津市的温室气体排放以 $CO_2$ 为主，试点期间，天津市碳排放权交易覆盖的温室气体种类为 $CO_2$。

5）总量目标

天津市碳排放总量控制目标与配额分配总体设计理念是：从本市实际发展情况出发，鼓励先进、淘汰落后，与国家对天津市"十二五"期间碳强度下降考核目标密切结合。具体工作中，以总量控制目标为分配基础，以"公平与效率"为分配原则，以配额调整机制为市场保障，逐步形成了具有本地特色的总量控制目标和配额分配体系，为开展全国碳排放权交易探索经验并发挥示范作用。

天津市建立了碳排放总量控制制度和总量控制下的碳排放权交易制度，根据本市"十二五"碳排放强度下降目标、能源消费强度控制目标和节能规划、国家产业政策，结合覆盖行业的历史能源消费和排放情况、技术特点、减排潜力和未来发展规划等因素确定配额总量。

具体来说，天津市采用了"自上而下"和"自下而上"相结合的方法，通过一般均衡模型（CGE）、能源环境情景分析模型（LEAP）设置了基准情景、无约束情景、宽松情景和低碳情景等不同情景进行分析，估算设定排放总量目标。"自上而下"是指根据天津市"十二五"时期单位 GDP 碳排放下降19%的要求，以及2010年碳排放强度水平和"十二五"规划纲要提出的经济增速目标，结合相关规划结果，确定全市 2015 年碳排放总量。"自下而上"是指根据纳入行业发展规划、历史能源消费情况和新建项目情况，确定行业的排放控制目标。

6）配额分配

根据《天津市碳排放权交易管理暂行办法》，天津市配额分配以免费发放为主，拍卖或固定价格出售等有偿发放为辅。采用有偿发放配额而获得的资金将专款专用，用于控制温室气体排放相关工作。

天津市于 2013 年 12 月正式公布了《天津市碳排放权交易试点纳入企业碳排放配额分配方案（试行）》。天津市根据各年度排放总量目标，考虑行业竞争力、能源利用效率、企业先期减排行动、行业基准线水平等因素，采用历史法和基准法相结合的方式分配配额。纳入企业配额包括基本配额、调整配额和新增设施配额。依据企业既有排放源活动水平，向纳入企业分配基本配额和调整配额。因启用新的生产设施造成排放重大变化时，向纳入企业分配增设设施配额。

总体来说，2013～2015 年，天津碳市场将遵循免费与拍卖相结合、历史法与基准法并行的分配方式，科学合理地为纳入企业制定配额分配方案。其中，2014年和 2015 年，将分别根据天津经济发展、碳市场运行情况，对当年度配额分配方案进行调整。2015 年后，待市场健全完善后，逐步降低免费分配比例、提高拍卖比例做尝试，目标是在不影响天津经济又好又快发展的前提下，使天津市逐步向低碳经济发展转型。

7）碳排放报送系统

为方便纳入企业核算，提高报告质量，天津开发了"天津市碳排放权交易企业报送系统"。该系统按照天津市碳排放核算指南的分类方式，将纳入企业细分为电力、热力生产和供应业，电力、热力生产和供应业-垃圾焚烧发电，黑色金属冶炼和压延加工业—钢铁联合企业，黑色金属冶炼和压延加工业—钢压延加工，化学原料和化学制品制造业，化学原料和化学制品制造业—炼焦，原油加工及石油制品制造，以及石油和天然气开采等八个子行业。各行业纳入企业按照系统预先设定的行业类别，根据各自行业的核算指南和报告方法报告年度碳排放量，经主管部门审核后，在线打印碳排放报告。

天津市碳排放权交易企业报送系统包括企业年报报送、年度报告审核、报表报送情况、碳排放量汇总统计分析、公告下载、系统维护等六个功能模块。排放报告填报页面提供新增报告报送和企业历年碳排放报告汇总显示功能。报告填报内容分企业概况、排放源识别、直接排放—化石燃料燃烧、直接排放—工业生产过程、间接排放、排放量汇总、监测计划执行情况和年度企业碳排放信息表八个部分。

8）登记注册系统

在国内现有法律政策框架下，碳排放权配额没有明确的法律属性和特定化的法律地位，但是经过分析可知碳排放权配额有以下特征：由政府创设并分配，总量控制造成的稀缺性，可以以同质化的份额为单位计量，分配对象（持有人）被赋予一定的权利或利益，权利或利益的数量程度以配额计量等。

天津碳排放权登记簿是碳排放权交易市场的重要组成部分，是天津碳排放权配额的确权和管理中心，是碳排放权交易市场的核心数据库。主管部门通过登记簿完成配额的签发、分配、转移、回收、罚没、结转等工作，对纳入企业及其他市场主体配额及履约有关的活动进行监管。参与碳排放权交易市场的纳入企业等各类主体通过登记簿，进行有关功能操作，查询持有配额情况和应履约任务情况，结合自身排放水平和市场交易行情，对履约和交易活动进行决策。参与碳排放权交易市场的纳入企业等各类主体通过登记簿，进行有关功能操作，查询持有配额情况和应履约任务情况，结合自身排放水平和市场交易行情，对履约和交易活动进行决策。

天津登记簿建设开发的创新有如下四方面：①明确和进一步挖掘了登记注册系统的意义和价值；②提出了登记注册系统四大基本功能模块：账户管理、配额管理、履约管理和系统管理；③充分利用先进信息技术和手段、发挥电子平台载体优势；④在项目研究和系统建设中前瞻性地探讨碳排放权配额的属性和登记簿的属性。天津登记簿创新性地确定了"交易登记簿"和"履约登记簿"的复合功能，一方面吸收了证券登记簿"交易登记簿"的属性和职能：为碳排放权配额的生成、存放、流转提供载体，实现了配额的确权和固化，辅助和便利了配额的流通，保障了配额交易的秩序和流通的自由；另一方面兼顾碳市场特有的"履约登记簿"的属性和职能，承担了配额发放和清缴的任务。

与其他试点相比，天津登记簿第一个特点是设计了三种配额注销的类型，包括履约注销、自愿注销和强制注销。履约注销是指纳入企业为了履约而自身进行的注销。自愿注销是指非政府用户自愿进行的注销。强制注销是指政府对未完成履约任务的纳入企业账户配额进行强制注销，直至纳入企业账户配额余额为零。对于前两种类型，企业或其他用户可以自行发起注销，而注销本应由政府委托的系统管理员进行操作。天津登记簿第二个特点是系统中未对配额进行编码，而是根据交易记录追溯配额，这样就难以保证每个配额的唯一性。第三个特点是系统中设计了配额调转功能，即配额在主账户和交易账户之间的划转。配额只有从主账户调转到交易账户后，才可以用于交易。这种设计可以降低交易误操作的风险。

在管理方面，天津市发改委是登记簿的主管部门。天津市发改委于2013年12月正式发布了《天津市碳排放配额登记注册系统操作指南》。根据该指南，天津市发改委通过登记注册系统管理各类碳交易主体账户的开立、查询和注销，以及配额的发放、转移、回收、结转等。天津市登记注册系统用户包括天津市发改委及配额持有人，后者包含纳入企业、其他机构和个人。碳交易主体通过在登记注册系统开设的账户，查询持有配额和履约责任等信息，具体实施对持有配额管理的操作。

2015年1月14日，国家自愿减排交易注册登记系统正式上线运行。天津排放权交易所作为国家首批备案的温室气体自愿减排交易机构和国家自愿减排交易注册登记系统开户指定代理机构。交易所交易系统实现与国家自愿减排注册登记系统无缝对接，实时数据交换，使CCER完成从签发环节顺畅进入交易流程。天津排放权交易所也成为国内第一家完成国家碳交易注册登记系统业务用例测试的交易所。

9）交易系统

天津市碳排放权交易的交易平台为天津排放权交易所，碳交易的交易系统由天津排放权交易所开发、建设和维护。天津排放权交易所以建立国家级环境能源交易平台为目标，在分析国内外能源交易市场和环境交易市场的基础上，立足天津试点，结合交易所未来将要全面开展的业务领域，建设具有前瞻性的交易所统一环境能源交易平台。其中拍卖交易系统和网络现货交易系统统称为天津排放权交易所统一环境能源交易平台。该平台涵盖区域性的碳排放权交易、主要污染物交易、能源交易和能效交易等四方面的业务，功能既能支撑交易所开展能源交易，又能支撑开展环境交易。天津市依托天津排放权交易所建设交易平台，开发建立了包括交易账户管理、交易产品管理、资金结算清算、交易信息报送等功能的交易系统。该平台涵盖区域性的碳排放权交易、主要污染物交易、能源交易和能效交易等四方面的业务，既能支撑交易所开展能源交易，又能支撑开展环境交易。其系统功能模块主要包括：统一门户展现系统、统一用户和权限管理、统一产品管理、统一资金管理、统一结算清算管理、统一交易管理撮合等 10 大功能模块；支持挂牌交易、协议交易、拍卖交易、网络动态竞价和连续性交易 5 种交易模式；能够支持与国家登记簿系统、天津登记簿等系统、银行系统等相关系统实现无缝链接，为天津市碳交易及其他排放权交易提供技术性保障。天津排放权交易所的交易系统是目前国内碳交易试点 7 家交易所中唯一运用云计算技术的交易平台。在交易体系设计中，天津碳市场的交易平台功能是最全面的，挂牌、拍卖、协议转让和常态的网络现货都能在一个平台上实现。

10）交易制度

在碳市场中，交易所的职责核心是防止出现市场操控，对交易者进行核实，保证交易的持续性和准确性。天津排放权交易所作为天津市碳排放权指定交易平台，按照试点工作要求开展了交易规则设计和系统建设，致力于培育健康、活跃、公开、透明的市场环境。

2013 年 12 月，天津排放权交易所公布了《天津碳排放权交易规则（试行）》《天津碳排放权交易风险控制管理办法（试行）》《天津碳排放权交易结算细则（试行）》等文件。主要交易规则如下：

交易主体：国内外机构、企业、团体和个人均可参与本市碳排放权交易。交易会员及交易所认可的机构进入交易所进行交易前，须向交易所申请取得相应的席位和交易权，成为交易所交易参与人。

交易参与主体与会员管理方面：交易所实行会员制二级管理体系，交易所通过交易会员为交易者提供开户、咨询、信息发布等专业服务。客户可通过指定结算银行全国任意网点开立资金账户和通过交易会员开立交易账户。

2013 年 1 月 8 日，交易所获国家发改委批复，成为首批《温室气体自愿减排交易管理暂行办法》备案交易机构，取得国家自愿减排交易牌照。国内外机构、企业、团体和个人都可以参与天津碳交易市场。

交易客体：碳配额产品和 CCER。

天津市碳排放权交易方式包括网络现货交易、协议交易和拍卖交易。对于网络现货交易，交易标的为碳配额产品（代码为 TJEA），交易数额以 10t 或其整数倍为单位，最小报价单元以元（人民币）/t 计价，价格最小变动单位为 0.01 元，交易系统将交易指令按照"价格优先、时间优先"的原则进行匹配。交易时间为上午 9：30 ~ 11：30，下午 13：00 ~ 15：00。

交易手续费率为 0.7‰，双向收取，1 元起收。

同时，天津排放权交易所实行全额交易资金制度、涨跌幅限制制度、大户报告制度、最大持有量限制制度、风险警示制度、风险准备金制度和稽查制度，以对交易风险进行管理。交易价格涨跌幅比例限制为 10%。交易所专门设立风险控制部门，建立健全内部管理制度，维护市场投资者的利益，保证市场安全平稳运行。

11）碳排放监测、报告与核查体系

一般来说，MRV 流程包括企业日常碳排放监测、企业年度碳排放核算及报告、第三方核查机构核查三个主要程序。天津的 MRV 体系以企业为主体，天津市发改委为主管部门，天津市环境保护科学研究院（低碳发展研究中心）及第三方核查机构为技术服务机构，在相关方法学和软硬件系统的支持下，构成了一个联系紧密的体系。而且与碳交易行为不同，MRV 工作是所有纳入碳市场范围的企业必须开展的日常工作。

a. 碳排放监测

在监测方面，天津市规定，纳入企业于每年 11 月 30 日前将本企业下年度碳排放监测计划报市发改委，并严格依据监测计划实施监测。监测计划应明确排放源、监测方法、监测频次及相关责任人等内容。

b. 碳排放报告及核算

在制度建设方面，天津市已制订了分行业的排放核算指南和企业碳排放报告编制指南，并研究起草了第三方核查机构管理办法以及碳排放核查指南。天津市发改委于 2013 年 12 月发布了《天津市企业碳排放报告编制指南（试行）》。

在排放量核算方面，天津市对试点体系纳入行业主要生产环节碳排放情况进行研究，在参考国内外碳排放核算原理，以及其他试点地区研究成果的基础上，制定出电力热力、钢铁、合成氨、甲醇、焦化、乙烯、炼油、碳酸盐脱硫 8 个碳核算行业方法或模块，并遵循全面、完整的原则，最终组合成为 4 个行业碳排放核算指南（电力热力、钢铁、化工、炼油和乙烯）以及一个综合性行业排放核算指南，并于 2013 年 12 月正式发布。

根据各核算指南，企业碳排放总量为各排放单元直接排放量与间接排放量之和，直接排放包括化石燃料燃烧排放和工业生产过程产生的 $CO_2$ 排放，间接排放包括外购电力和外购热力产生的 $CO_2$ 排放。核算方法采用排放因子计算法和物料平衡计算法，核算方法中未划分层级。

天津市规定各纳入企业须履行报送排放报告的义务，每年第一季度编制本企业上年度的碳排放报告，并于 4 月 30 日前报送市发改委。排放报告中应包含上年度碳排放及能源消费情况、监测措施、本年度排放配额需求与控制碳排放的具体措施。企业上报 2009～2013 年碳排放报告时采用的是纸质报送方式。2015 年 3 月，由天津市信息中心等单位开发的"天津市碳排放权交易企业报送系统"（试用版）上线，天津市发改委要求纳入企业按照该系统引导进行在线填报，并将系统自动生成的碳排放报告打印装订，一式三份，加盖公章，光盘电子版一份，于 4 月 17 日前送到天津市发改委。书面报告如与电子系统数据不符，以电子系统数据为准。

c. 第三方机构核查

碳排放核查工作是碳排放权交易市场建设中专业性、技术性较强的基础工作，离不开具有实际经验并且管理规范的技术机构支持。天津市碳排放权交易试点建立有效的碳排放报告核查制度，需要熟悉核查技术要求和配额分配工作要求，在以往核查工作基础上不断完善核查工作规范，进一步修订核查报告技术评估要求等技术指导文件，统一标准、统一流程、统一进度，形成具有试点特色的工作体系，为推进碳排放权交易市场建设提供技术保障。

在核查方面，天津市建立了碳排放核查制度，规定第三方核查机构有权要求纳入企业提供相关资料、接受现场核查并出具核查报告。在试点期间，纳入企业每年4月30日前将碳排放报告连同核查报告以书面形式一并提交市发改委。天津市发改委依据第三方核查机构出具的核查报告，结合纳入企业提交的年度碳排放报告，审定纳入企业的年度碳排放量，并将审定结果通知纳入企业。当存在企业碳排放报告与核查报告中的碳排放量差额超过10%或10万t的、本年度碳排放量与上年度碳排放量差额超过20%等情形，可对纳入企业碳排放量进行核实或复查。

天津市于2013年10月通过公开招标方式确定了天津市环境保护科学研究院、中国质量认证中心、中国船级社质量认证公司和天津国际工程咨询公司4家初始核查机构，对拟纳入交易体系的重点排放行业121家企业2009～2012年的排放情况进行了初始碳核查。经过核查，114家企业满足排放门槛条件，有7家企业由于排放量未达到门槛等原因，最终未纳入试点交易体系。

在核查报告编制方面，企业碳排放核查报告由封面、资质页、目录、正文及核查资料附件组成。其中正文包括概述、企业概况、核算边界确定、监测计划执行情况、碳排放量核算、核查结论六个部分。

为做好第三方核查工作，天津市还编制了《天津市碳排放权交易试点2013年度企业碳核查技术手册》《2013年度天津市企业碳排放核查培训教材》《天津市碳排放权交易试点2013年度企业核查报告评审规范文件及标准要求》等文件。

12）抵消机制

同其他试点地区一样，天津市也设计了纳入企业使用碳配额之外的抵消机制。天津市纳入企业可使用一定比例的中国CCER抵消其碳排放量，抵消量不得超出其当年实际碳排放量的10%。1单位CCER抵消1t $CO_2$排放，其中CCER没有地域来源、项目类型和边界的限制。纳入企业未注销的配额可以结转至下年度继续使用直至2016年5月31日，此后配额的有效期根据国家相关规定确定。

2015年3月24日，天津天丰钢铁有限公司与中碳未来（北京）资产管理有限公司在天津排放权交易所交易平台完成了6万t国内首笔控排企业购买中国核证自愿减排量（CCER）线上交易。

2015年4月27日，天津排放权交易所完成国内最大单CCER交易，交易量为

506 125t。本次 CCER 交易买方为中碳未来（北京）资产管理有限公司，卖方为安徽海螺集团有限责任公司下属芜湖海螺水泥有限公司，成交的 50 余万吨减排量均来自"芜湖海螺水泥 2×18MW 余热发电工程项目"（备案编号：041）。

13）监管体系

碳排放权交易市场监督管理体系是天津市排放权交易试点方案设计不可或缺的一部分，是碳排放权交易市场稳定运行的后盾。它是对碳交易主体及其所从事的市场交易和竞争行为进行监督管理，从而有助于政府弥补市场失灵、维护正常的市场秩序。

南开大学承担了天津市场监管体系建设的工作，建立碳排放权交易市场监管体系，明确监管责任，对交易参与主体、第三方核查机构、交易机构、交易活动等进行监督管理，保障碳排放权交易公开、公平、公正和有效运行。

天津市碳排放权交易体系建设应遵循以下基本原则：全面、统一、协调监管；依法监管；公开、公平、公正的"三公"原则。

## 2.1.6 湖北碳市场实施方案

根据《湖北省碳排放权交易试点工作实施方案》，湖北碳排放交易试点工作的实施要点主要包括：

（1）试点范围：湖北省行政区域内 2010～2011 年中任何一年年综合能源消费量 6 万 t 标准煤及以上的重点工业企业，涉及电力、钢铁、水泥、化工等 12 个行业的 138 家企业。

（2）交易参与方，试点企业，合法拥有经核证的自愿减排量的法人机构，湖北省碳排放权储备机构，其他符合条件自愿参与碳排放权交易活动的法人机构。

（3）交易标的，分配给企业的碳排放权配额，以及在本省行政区域内产生的核证自愿减排量（含森林碳汇）。

（4）总量控制：根据国家下达的"十二五"期间单位生产总值 $CO_2$ 排放下降 17% 和单位生产总值能耗下降 16% 的目标，通过科学的核算和预测，确定全省 2015 年、2020 年温室气体排放总量和分行业碳排放总量。

（5）配额分配原则，综合考虑企业历史排放水平、行业先进排放水平、节能减排、淘汰落后产能等因素，制订企业碳排放权配额分配方案。试点期间，配额免费发放给纳入碳排放权交易试点企业。根据试点情况，适时探索配额有偿分配方式。

（6）登记注册，建立集注册查询、配额分配、配额管理、配额追踪、数据交互等功能于一体的信息化管理系统。

（7）交易平台，组建湖北碳排放权交易中心，为全省碳排放权交易提供交易场所。建设交易系统，为交易双方提供第三方资金结算服务。

（8）交易及履约，碳排放配额交易在本市交易平台上进行，试点企业通过交易平台购买或出售持有的配额和经核证的减排量，并在每年规定时间内，上缴与经核证的实际排放量相当的配额或核证减排量。

（9）碳排放报告和第三方核查，建立集企业碳排放报告、第三方核查、数据交互等功能于一体的碳排放报告平台，便于企业定期进行碳排放报告以及第三方核查机构进行核查。

（10）监督管理，建立完善的规章制度体系，严格的监测、报告与核查体系，有效的激励与约束机制，多层次的风险防控体系，和市场监管体系。

## 2.1.7　重庆碳市场实施方案

根据国家发改委要求重庆市在 2015 年"单位地区生产总值 $CO_2$ 排放减 17%"。重庆市大部分的 GDP 和半数人口处在高排放区。重庆市 $CO_2$ 排放存在不均衡，中心城区排放量较高，县域排放量较低。在以经济发展为前提兼顾公平性原则下，对低排放区域分配较少的 $CO_2$ 排放权，对位居高排放区的区县分配较多的 $CO_2$ 排放权，特别是高排放—低效率区域应加大减排力度，控制 $CO_2$ 排放，同时加快这些地区经济结构转变，提高其减排效率。

1）总体设计

一个完整的碳排放交易体系包含总量上限制度、配额分配制度、交易制度、灵活机制（补偿、借用、储蓄等）、监测报告与核查制度、处罚制度等要素。重庆市碳排放权交易体系的设计要素如图 2-1 所示。

重庆市碳排放交易试点体系为基于配额的强制交易体系，采取总量上限为主、

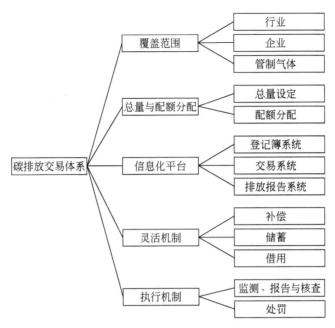

图2-1　重庆市碳排放交易体系设计要素

基准排放为辅的分配方式，允许采用抵偿、储蓄等灵活机制，初期试点时间为2013~2015年。

2）政策法规体系

碳排放权交易试点的顺利开展和运行需要一系列政策法规的支撑和保障。经过几年的努力，重庆市建立了"1+1+3+7"的政策制度和操作规范。重庆市人大常委会将《关于碳排放管理若干事项的决定》纳入了立法计划，政府制定出台《重庆市碳排放权交易管理暂行办法》，确定交易试点原则。重庆市发改委会同有关部门和重庆联合产权交易所碳排放权交易中心制定了碳排放配额管理、工业企业碳排放核算报告核查、碳排放权交易等3项细则，以及多项具体细化的指南、规范等相关文件。

3）覆盖范围

作为老工业基地城市和统筹城乡发展综合改革试验区，重庆市碳交易将从高耗能行业试点（高排放、高强度、高增长），逐步扩展到其他行业。试点企业确定为：2008年起，任一年度碳排放 $CO_2$ 超过2万 $tCO_2e$，或年综合能源消耗超过1万tce的企业。报告企业：年排放超过1万 $tCO_2e$，或年综合能源消耗超过5000tce的企业。初步考虑纳入6大行业（冶金、电力、化工、建材、机械、轻工）的规模以上企业。

最终，重庆市将 2008~2012 年任一年排放量在 2 万 t $CO_2e$ 以上（按能耗在 1 万 tce 以上统计）的工业企业纳入碳交易体系。纳入企业分别来自电力、冶金、化工、建材等多个行业，企业数量 254 家（存量企业）。覆盖的温室气体包括甲烷、氧化亚氮、氢氟碳化物、全氟化碳、六氟化硫 6 种温室气体。纳入企业碳排放量约占全市工业碳排放总量的 55%，占全市碳排放总量的 40% 左右。纳入企业包括两类：一类是配额管理单位，即年碳排放量达到一定规模的排放单位；另一类是自愿纳入配额管理的其他排放单位。

4）总量目标

重庆市确定了碳交易体系覆盖企业 2013~2015 年年度配额总量逐年下降 4.13% 的绝对量化减排目标。根据企业历史温室气体排放数据，重庆确定碳市场基准配额总量为 1.36 亿 t，在此基础上可以得出 2013~2015 年各年的配额总量分别为 1.31 亿 t、1.26 亿 t 和 1.21 亿 t。

配额总量设定由于参照企业自身的历史排放峰值进行自主申报、年底调整的方式进行，总体上较为宽松。对电力实行上网部分的发电量排放扣除的方式，是唯一考虑避免重复计算的地区，因此电力行业的实际碳约束比其他地区小。

5）配额分配

《重庆市碳排放权交易管理暂行办法》对配额分配规则和方案进行了原则性规定。2014 年 5 月发布的《重庆市碳排放配额管理细则（试行）》，对重庆市碳排放配额管理做出了明确规定。

配额分配。政府主管部门为试点企业免费分配排放配额，但要区分存量和增量。以 2010 年 12 月 31 日为界限，该时点之前的企业碳排放量为存量，该时点之后的企业由于产能扩大等导致的碳排放量的增加为增量。对存量，以 2008~2010 年的最高年排放量作为基准，从 2011 年起逐步递减，一次性分配 2013~2015 各年度配额。对增量，以纳入配额管理年度之前三年中的最高年排放量作为基准量，逐年递减，分配 2015 前各年度配额。

分配方法。重庆提出了基于多目标决策的企业 $CO_2$ 排放权初始分配方法（图 2-2）。在具体操作中，重庆市本着"碳排放权交易的本质是以市场机制为主促进温室气体减排"的理念，不划分具体行业，采用政府总量控制与企业博弈竞争相结合的方法进行配额分配。重庆市配额管理单位的 2013 年和 2014 年度的全部配额均采取免费发放的方式获得。

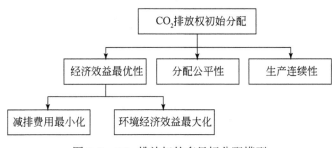

图 2-2　$CO_2$ 排放权的多目标分配模型

根据《重庆市碳排放配额管理细则（试行）》，重庆市碳排放权交易配额分配主要方法和步骤为：企业自主申报碳排放量、确定年度配额、进行配额分配、进行配额调整。

与深圳相似，重庆市也采取配额先自主申报、后调整的方式。但企业的申报量须经主管机关的审定，低于或超过审定排放量 8% 的，予以补发或扣减，补发的配额不得在总量之外创设。这种方法使企业申报配额通常高于实际排放，在一定比例之内也不会被调减，再加之总量宽松，重庆市 2013 年度的配额总量盈余较大。此外，重庆市是唯一未规定政府预留调控配额的地区。

6）监测、报告与核查机制

重庆市碳交易试点体系中建立了碳排放监测、报告和核查制度。试点企业和报告企业按年度监测核算碳排放量，在规定时间内提交碳排放报告，由第三方核查机构对碳排放报告进行核查。

重庆市要求配额管理单位加强能源和碳排放管理能力建设，自行或委托有技术有实力和有从业经验的机构核算年度碳排放量，并制定了《重庆市工业企业碳排放核算报告和核查细则（试行）》《重庆市工业企业碳排放核算和报告指南（试行）》《重庆市碳排放核查工作规范（试行）》等具体技术文件。

7）履约机制

"十二五"期间，重庆市碳交易试点体系的履约期分为两个阶段，即 2013～2014 年和 2015 年。各试点企业分别在 2015 年和 2016 年上半年进行合规审核，若企业超标排放而又未购买相应的排放配额指标，则企业未达标，需对未达标企业进行相应的处罚。

重庆市从对企业公平的角度出发，试点期间分为 2013～2014 年和 2015 年两个履约期。2013 年至进行碳排放核查，与 2014 年合并履约，2015 年开始逐年履约。配额管理单位在 2015 年 6 月 20 日前履行第一期配额清缴义务；在 2016 年 6 月 20 日前履行第二期配额清缴义务。这也与重庆碳市场启动较晚有关。

8）交易机制

重庆市联合产权交易所是重庆市碳交易平台。重庆市在重庆联合产权交易所下建立重庆市碳排放权交易中心，对交易平台进行管理。2014 年 4 月，重庆联合产权交易通过了国家自愿减排交易机构的备案，于 6 月中旬集中发布了《重庆联合产权交易所碳排放交易细则（试行）》以及碳排放交易的结算管理、风险管理、信息管理、违规违约处理等一系列办法，建立了较为完善的交易管理制度。

重庆市采用配额分配的模式进行交易，但对企业碳排放的存量和增量要区别对待，交易品种为碳排放配额、国家核证自愿减排量及其他依法批准的交易产品，基准单元以"t $CO_2$e"计，交易价格以"元/t $CO_2$e"计。重庆市还对配额管理单位出售的年度配额的比例进行了限制，规定不得超出其年度分配配额的 50%。

根据《重庆联合产权交易所碳排放交易细则（试行）》，注册资本金在 100 万元以上的企业法人，净资产在 50 万元以上的合伙企业及其他组织，以及金融资产在 10 万元以上的个人均可参与碳排放权交易。重庆市允许投资机构和自然人进场交易，但目前外资机构和外国机构尚不能进入。

9）灵活机制/抵消

重庆市碳交易试点体系中允许引入抵偿和储蓄等柔性机制。试点企业可使用试点范围外在本市产生的基于项目的减排量（如碳汇等）抵消碳排放量，使用比例最高不得超过试点企业每个履约期分配的配额总量的 8%。减排项目应当于 2010 年 12 月 31 日后投入运行（碳汇项目不受此限），且属于以下类型之一：节约能源和提高能效；清洁能源和非水可再生能源；碳汇；能源活动、工业生产过程、农业、废弃物处理等领域减排。试点企业的排放配额允许储蓄，即排放企业当期结余的排放配额可以转入下一期使用。

10）奖励、处罚机制

在激励措施方面，重庆市有限支持试点企业的碳排放管理能力建设；支持试点企业优先享受（申报）节能减排财政政策综合示范、资源节约和环境保护等中央补助资金支持项目；市级节能减排和环境保护专项资金优先向试点企业倾斜；鼓励金融机构优先为试点企业提供绿色融资服务等。

在惩罚机制方面，重庆市在人大决定征求意见稿中规定纳入企业未按照规定报送碳排放报告或者拒绝接受核查的，由主管部门责令限期改正；逾期未改正的，处 2 万元以上 5 万元以下的罚款；纳入企业不履行或者不完全履行配额清缴义务的，由主管部门根据其超出清缴配额范围的碳排放量，按照清缴期届满前一个月配额平均交易价格的 3 倍予以处罚；第三方核查机构出具虚假、不实核查报告的，由主管部门处 3 万元以上 5 万元以下罚款。但相比于其他试点，重庆的处罚力度偏低。

11）碳交易信息化平台

重庆市碳交易试点中的信息化平台主要包括重庆市碳排放权注册登记簿系统、碳排放信息报送系统、碳排放权交易系统等三大系统，系统间通过专门的接口进行连接，形成一个完整的信息处理平台，如图 2-3。

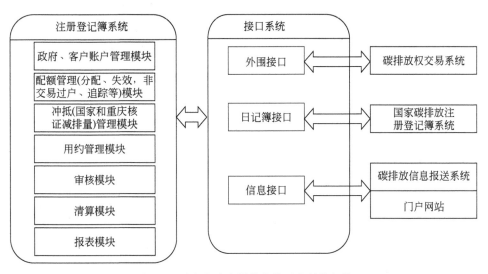

图 2-3  重庆市碳交易信息化平台总体架构

12）保障措施

在组织领导方面，重庆成立了以分管副市长为组长的碳排放权交易筹备领导小组，组织开展碳排放权交易工作。重庆市发改委牵头组织开展碳排放权交易的制度规则、配额分配、交易平台、技术标准、报告核查等基础体系建设的前期研究和实施方案制订工作。

在能力建设方面，组织开展了碳排放权交易的制度规则、配额分配、交易平台、技术标准、报告核查等22项基础体系建设的研究工作。与英国开展重庆市碳交易市场金融能力培训及制度设计应用研究。2014年6月，在相关政策出台后，重庆市发改委为全部覆盖企业举办了政策解读会。

在市场监管方面，重庆市由市发改委和市金融办建立碳排放权交易监管机制，对纳入企业、核查机构、交易中心、其他交易主体等进行监督管理。监管内容包括：纳入企业的碳排放报告、接受核查和履行配额清缴义务等活动；核查机构的核查活动；交易中心的交易管理、资金结算和配额交割等活动；交易主体的交易活动；其他与碳排放权管理和交易有关的活动。

## 2.2 主要碳市场试点工作进展

### 2.2.1 深圳碳市场工作进展

深圳碳交易市场的筹备工作自2011年初启动，在借鉴欧盟经验，建立符合中国国情的碳排放交易市场方面，进行了广泛与深入的探索。2013年5月，深圳初步完成了碳排放交易体系建设工作，在有效核查的基础上，采用竞争性博弈分配办法，对635家工业企业和194栋大型公共建筑进行了配额分配。首批纳入碳交易的635家工业企业2010年碳排放总量合计3173万t，占全市碳排放总量的38%，工业增加值合计占全市工业企业增加值的59%，占全市GDP的26%。635家工业企业2013~2015年获得的配额总量合计约1亿t，超过2013~2015年全市碳排放总量40%，到2015年这些企业平均碳强度比2010年下降32%，2013~2015年均碳强度下降率达到6.68%。同时，深圳相应完成了碳排放立法及交易机制、监管机制、核查机制、中央登记簿体系等相应体系建设。试点工作进展如下：

2012年10月30日，深圳市人大常委会通过了《深圳经济特区碳排放管理若干规定》，对碳交易机制的基本制度，如碳排放管理方式、碳排放报告、配额管理与交易、碳抵消机制及超额排放的法律责任等做出了原则性规定，为碳交易机制的建设和运行提供了强有力的法律保障，是中国第一部规范碳交易的地方性法规。

2012 年 12 月 1 日，由深圳市市场监督管理局发布的两份标准化指导性技术文件《组织温室气体排放的量化和报告规范及指南》和《组织温室气体排放的核查规范及指南》开始实施，用以指导深圳企业温室气体排放的报告和核算工作。

2013~2014 年，深圳碳排放权交易所陆续印发了《深圳排放权交易所现货交易规则（暂行)》《深圳排放权交易所会员管理规则（暂行)》《深圳排放权交易所风险控制管理细则（暂行)》《深圳排放权交易所托管会员管理细则（暂行)》《深圳排放权交易所异常情况处理实施细则（暂行)》《深圳排放权交易所违规违约处理实施细则（暂行)》等交易规则及配套细则，为深圳碳市场提供了相对完整的管理制度。

2013 年 6 月 18 日，深圳碳交易市场正式上线启动。

2014 年 3 月 14 日，深圳市人民政府发布了《深圳市碳排放权交易管理暂行办法》。该办法对《深圳经济特区碳排放管理若干规定》进行了细化，确定了碳排放权交易及管理的具体细则。

2014 年 3 月 31 日，深圳市发改委已经通过注册登记簿将 2014 年预分配配额免费签发给各管控单位。

2014 年 5 月 16 日，深圳市发改委发文确定碳排放管控单位 2013 年实际配额数量和实际碳排放量（或指定碳排放量）（深发改〔2014〕505 号和 506 号)。

2014 年 5 月 21 日，深圳市发改委会同深圳市市场监督管理局发布了《深圳市碳排放权交易核查机构及核查员管理暂行办法》，为管理核查机构和核查人员提供了法律依据。

2014 年 7 月 1 日，深圳市 2013 年度碳交易履约工作结束。在首个履约年度，纳入管控的 635 家控排企业之中，631 家按时足额完成履约，履约比例为 99.4%。

## 2.2.2 上海碳市场工作进展

1）试点准备阶段

为充分落实国家发改委开展碳排放交易试点工作的要求，2012 年 7 月，上海市人民政府发布了《上海市人民政府关于本市开展碳排放交易试点工作的实施意见》（沪府发〔2012〕64 号)，并于 8 月 16 日召开了全市碳排放交易试点工作启动大会。

2012 年 11 月，上海市发改委公布了 197 家（由于企业关停并转和排放情况的变化，最终为 191 家）首批参与碳排放交易试点企业名单，随后，通过政府采购招投标方式确定了初始碳盘查承担单位。盘查机构根据上海市发改委印发的《上海市温室气体排放核算与报告指南（试行）》，以及钢铁、电力、建材、有色、纺织造纸、航空、大型建筑（宾馆、商业和金融）和运输站点等 9 个上海碳排放交易试点相关行业的温室气体排放核算方法，于 2012 年 12 月 12 日至 2013 年 1 月 31 日期间，赴各试点企业开展了碳排放状况初始报告的盘查工作。全市首批试点企业通过碳排放电子报送系统，实现了《企业碳排放状况初始报告》和《企业 2012 年碳排放状况报告》的电子和书面报送，相关管理部门据此开展了配额总量的制定以及初始配额分配工作等。

2）试点运行阶段

基于前期大量的准备工作，2013 年 11 月 26 日，上海市碳排放交易正式启动交易。根据《上海市碳排放管理试行办法》，纳入配额管理的单位应于每年 12 月 31 日前，制订下一年度碳排放监测计划，每年 3 月 31 日之前提交上一年度碳排放报告，而核查机构要求于 4 月 30 日之前完成对企业碳排放报告的核查，上海市发改委在 5 月 30 日之前完成结果审定，纳管单位在 6 月 1 日至 30 日完成配额清缴。截至目前，上海市已顺利完成了 2013 年度的履约，并紧锣密鼓的开展 2014 年度的相关工作。

## 2.2.3　北京碳市场工作进展

2011 年 10 月 29 日，国家发改委发布《关于开展碳排放权交易试点工作的通知》，批准北京等 7 个地区开展碳交易试点。

2012 年 1 月 30 日，北京市发改委报送《北京市碳排放权交易试点实施方案》至国家发改委。

2012 年 3 月 28 日，北京市举行碳排放权交易试点启动仪式，试点工作正式启动。

2012 年 6 月 13 日，国家发改委发布《温室气体自愿减排交易管理暂行办法》。

2012 年 10 月 29 日，国家发改委同意北京市碳排放权交易试点实施方案。

2013 年 4 月 28 日，北京市发改委发布《关于征选北京市碳排放权交易核查机构的通知》。

2013 年 6 月 7 日，北京市发改委发布《关于对征选北京市碳排放权交易核查机构结果进行公示的通知》。

2013 年 7 月 5 日，北京市发改委发布《关于对北京市碳排放权交易核查机构核查员进行登记的通知》。

2013 年 8 月 5 日，北京市发改委发布《关于开展二氧化碳排放报告报送及第三方核查工作的通知》。

2013 年 11 月 15 日，北京市发改委发布《关于做好本市配额账户注册登记和碳排放权交易开户工作的通知》。

2013 年 11 月 18 日，北京市发改委发布《关于发放 2013 年碳排放配额的通知》。

2013 年 11 月 20 日，北京市发改委发布《关于开展碳排放权交易试点工作的通知》。

2013 年 11 月 22 日，北京市发改委印发《关于开展碳排放权交易试点工作的通知》，制定了《北京市碳排放配额场外交易实施细则（试行）》，同时发布了《企业（单位）二氧化碳排放核算和报告指南》《北京市碳排放权交易试点配额核定方法（试行）》《北京市碳排放权交易核查机构管理办法（试行）》《北京市温室气体排放报告报送流程》《北京市碳排放权交易注册登记系统操作指南》和北京市发改委和北京市金融局发布《北京市碳排放配额场外交易实施细则（试行）》。

2013 年 12 月 27 日，北京市人大常委会通过《关于北京市在严格控制碳排放总量前提下开展碳排放权交易试点工作的决定》。

2014 年 3 月 6 日，北京市发改委发布《关于做好 2014 年碳排放报告报送核查及有关工作的通知》。

2014 年 3 月 7 日，北京市发改委发布《行业碳排放强度先进值制定方法》和《配额调整方案》。

2014 年 4 月 29 日，北京环交所发布《北京环境交易所碳排放权交易规则配套细则（试行）》。

2014 年 4 月 30 日，北京市发改委发布《关于发布行业碳排放强度先进值的通知》。

2014 年 5 月 6 日，按照北京市人民代表大会常务委员会《关于北京市在严格控制碳排放总量前提下开展碳排放权交易试点工作的决定》（2013 年 12 月 27 日），市发改委制定了《关于规范碳排放权交易行政处罚自由裁量权的规定》。

2014 年 5 月 28 日，北京市人民政府以京政发〔2014〕14 号文件印发《北京市碳排放权交易管理办法（试行)》，北京市碳交易试点在运行半年多后迎来正式的管理细则。

2014 年 6 月 10 日，由北京市发改委和市金融工作局联合制定了《北京市碳排放权交易公开市场操作管理办法（试行)》。

2014 年 9 月 25 日，北京市发改委和市园林绿化局联合发布了《北京市碳排放权抵消管理办法（试行)》，成为国内首个发布碳排放权抵消管理办法的试点省市。

2014 年 12 月 16 日，北京市发改委发布《关于公示承德市丰宁县千松坝林场碳汇造林一期项目碳减排量核证报告的通知》。

2014 年 12 月 19 日，北京市发改委和河北省发改委、承德市人民政府联合发布《关于推进跨区域碳排放权交易试点有关事项的通知》，将承德市作为河北省的先期试点，率先与北京市正式启动跨区域碳排放权交易市场建设，推动京津冀协同发展。

2014 年 12 月 22 日，北京市发改委出台《关于进一步开放碳排放权交易市场加强碳资产管理有关工作的通告》。

2014 年 12 月 31 日，北京市发改委发布《能源管理体系和碳排放管理体系第三方评价机构推荐名单》，确定 23 家单位为北京市推荐的碳排放管理体系第三方评价机构。

2015 年 1 月 5 日，北京市发改委印发《关于进一步做好碳排放权交易试点有关工作的通知》，同时发布了《北京市企业（单位）二氧化碳排放核算和报告指南（2014 版)》《北京市碳排放报告第三方核查程序指南（2014 版)》《北京市碳排放第三方核查报告编写指南（2014 版)》。

2015 年 2 月 6 日，北京市发改委印发《关于开展 2015 年节能监察工作的通知》，2015 年计划开展 9 项专项节能监察，其中包括碳排放报告报送核查及履约情况专项监察。

2015 年 3 月 23 日，北京市发改委印发《关于开展 2015 年碳排放报告报送核查及履约情况专项监察的通知》，于 2015 年 3 月至 10 月开展二氧化碳排放报告、第三方核查报告报送及碳排放配额清算（履约）情况专项监察工作。

2015 年 3 月 23 日，北京市发改委印发《关于责令重点排放单位限期报送碳排放核查报告的通知》，要求各重点排放单位于 2015 年 3 月 20 日前报送碳排放核查报告，对未在 3 月 27 日前报送碳排放核查报告的重点排放单位，将依据《决定》处以 5 万元以下的罚款。

2015 年 4 月 15 日，北京市发改委印发《关于开展碳排放权交易试点工作的通知》，明确北京市重点排放单位排放配额由既有设施配额、新增设施配额、配额调整量三部分组成。

北京市共出台了 10 多项配套政策文件，形成"1+1+N"较为完善的法规政策体系。

## 2.2.4　广东碳市场工作进展

广东碳市场由拍卖市场和交易市场组成，交易产品为碳排放配额（GDEA），交易单位为 $tCO_2e$。截至 2015 年 9 月 20 日，广东碳市场累计成交配额 2228.74 万 t，总成交金额 9.46 亿元，其中，一级市场累计成交量 1486.19 万 t，二级市场成交量 742.55 万 t，CCER 成交量近百万吨[1]。在二级交易市场上的交易方式包括挂牌竞价、挂牌点选、单向竞价、协议转让等，广州碳排放权交易所（简称广碳所）对挂牌竞价交易和挂牌点选交易实行价格涨跌幅限制，涨跌幅限制比例为±10%，对单向竞价交易不设涨幅限制。广东碳排放权交易实行价格引导制度，广碳所当日开盘价为挂牌点选交易方式前一交易日的收盘价（首个交易日开盘价参考首次广东省碳排放权配额有偿发放的成交价确定），收盘价为挂牌点选最后 10 笔成交的加权平均价，当日成交不足 10 笔的，以当日所有成交的加权平均价为收盘价。当日不能产生收盘价或无成交的，以前一交易日收盘价为收盘价。

---

[1]　广州碳排放权交易所. 广东配额有偿发放再现供不应求［EB/OL］. 广州碳排放交易所官方网站. http：//www.cnemission.cn/article/news/ssdt/201509/20150900000962.shtml

2012 年 8 月，广东省人民政府印发了《"十二五"控制温室气体排放工作实施方案》（粤府函〔2012〕96 号文件），确定建立碳排放总量控制制度和温室气体自愿减排交易活动，由广东省发改委牵头，广东省金融办和质监局协助建立碳排放权交易相关支撑系统和工作制度。

2012 年 9 月 7 日，广东省人民政府印发了《广东省碳排放权交易试点工作实施方案的通知》（粤府函〔2012〕264 号），提出了试点工作的指导思想和工作目标，对碳排放权交易试点工作进行了总体安排。

2012 年 9 月 11 日，广州碳排放权交易所在广州联合交易园区正式启动。

2013 年 4 月，广东完成了电力、水泥、钢铁、石化四个行业重点企业历史碳排放信息盘查工作。

2013 年 11 月 25 日，广东省发改委印发了《广东省碳排放权配额首次分配及工作方案（试行）的通知》（粤发改资环函〔2013〕3537 号），公布了纳入广东省碳交易的首批控排企业和新建（扩建、改建）项目企业名单。

2013 年 12 月 19 日，广东省碳交易机制正式上线启动。

2014 年 1 月 15 日，广东省人民政府第十二届十七次常务会议通过了《广东省碳排放管理试行办法》〔粤府令 197 号〕，自 2014 年 3 月 1 日起开始实施。

2014 年 2 月 28 日，广东省发改委印发了《关于开展 2013 年度企业碳排放信息报告和核查工作的通知》（粤发改资环函〔2014〕573 号），公布了报告企业和控排企业名单。

2014 年 3 月 18 日，广东省发改委印发了关于《广东省企业碳排放信息报告与核查细则（试行）》的通知，公布了《广东省企业碳排放信息报告与核查细则（试行）》《广东省企业二氧化碳排放信息报告指南（试行）》《广东省企业碳排放核查规范（试行）》三份文件。

2014 年 3 月 20 日，广东省发改委印发了《广东省碳排放配额管理实施细则（试行）》，对配额发放、清缴、交易等进行了明确的规定。

2014 年 7 月 15 日，首批控排企业完成配额的清缴与履约，202 家控排企业中需要履约的企业为 184 家，有 2 家水泥企业未按时履约，履约率为 98.9%。

2014 年 8 月 18 日，广东省发改委印发了《广东省 2014 年度碳排放配额分配实施方案》（粤发改气候〔2014〕495 号），公布了 2014 年度控排企业和新建（含扩建、改建）项目企业的名单，及 2014 年度控排企业配额计算方法，并对配额分配方法进行了调整。

2014 年 8 月 18 日至 22 日，控排企业在配额注册登记系统获得免费配额。按基准线法分配配额的控排企业，先发预发配额的免费部分，待省发改委核定企业配额后，再通过配额注册登记系统对企业配额差值实行多退少补。

2015 年 2 月 6 日，广东省发改委印发了《关于做好 2014 年度企业碳排放信息报告核查和配额清缴履约相关工作的通知》（粤发改气候函〔2015〕503 号），规定报告企业和控排企业在 2015 年 3 月 15 日前通过信息系统提交 2014 年度碳排放信息报告，核查机构于 2015 年 4 月 30 日前提交核查报告，企业于 2015 年 5 月 5 日前提交经核查的碳排放信息报告。6 月 20 日前控排企业完成配额清缴履约。并随之公布了《广东省企业二氧化碳排放信息报告指南（2014 版)》和《广东省企业碳排放核查规范（2014 版)》。

2015 年 2 月 16 日，广东省发改委应对气候变化处印发了《广东省发展改革委关于碳排放配额管理的实施细则》和《广东省发展改革委关于企业碳排放信息报告与核查的实施细则》的通知（粤发改气候〔2015〕80 号），将配额分配发放、配额履约清缴、配额交易、新建项目企业配额管理等事宜进行了明确规定，细则自 2015 年 3 月 1 日起施行，有效期 5 年。

## 2.2.5　天津碳市场工作进展

2011 年 8 月，天津市政府办公厅发布《关于天津排放权交易市场发展的总体方案》。

2011 年 12 月 31 日，国家发改委批准《天津市低碳城市试点工作实施方案》。

2013 年 2 月 5 日，天津市政府办公厅发布《天津市碳排放权交易试点工作实施方案》。

2013 年 5 月，天津组织召开全市碳排放权交易试点工作推动会议和碳排放权交易试点企业培训会。

2013 年 12 月 20 日，天津市政府办公厅发布《天津市碳排放权交易管理暂行办法》。

2013 年 12 月 24 日，天津市发改委发布《天津市发展改革委关于开展碳排放权交易试点工作的通知》，随该通知还以附件形式发布《天津市钢铁行业碳排放核算指南（试行）》《天津市电力热力行业碳排放核算指南（试行）》《天津市化工行业碳排放核算指南（试行）》《天津市炼油和乙烯企业碳排放核算指南（试行）》《天津市其他行业碳排放核算指南（试行）》《天津市企业碳排放报告编制指南（试行）》《天津市碳排放权交易试点纳入企业碳排放配额分配方案（试行）》。

2013 年 12 月 25 日，天津排放权交易所发布《关于碳排放权交易手续费标准的通知》《天津排放权交易所碳排放权交易规则（试行）》《天津排放权交易所碳排放权交易结算细则（试行）》《天津排放权交易所碳排放权交易风险控制管理办法（试行）》。

2013 年 12 月 26 日，天津市正式启动碳排放权交易，首批纳入 114 家工业企业。

2014 年 1 月 3 日，天津排放权交易所发布《天津排放权交易所会员管理办法（试行）》。

2014 年 3 月 27 日，天津市发改委发布《市发展改革委关于开展碳排放权交易试点纳入企业 2013 年度碳排放报告的通知》。

2014 年 4 月 30 日，天津市发改委公告纳入企业 2013 年度碳核查服务的采购中标结果。

2014 年 5 月 21 日，天津市发改委发布《关于开展碳排放权交易试点纳入企业 2013 年度碳排放核查工作的通知》。

2014 年 7 月 8 日，天津排放权交易所发布《关于碳排放权交易试点纳入企业及时注销 2013 年度碳排放配额完成履约的通知》。

2014 年 7 月 9 日，天津排放权交易所发布《关于天津市 2014 年配额上市交易的公告》。

2014 年 7 月 28 日，天津市发改委发布《关于天津市碳排放权交易试点纳入企业 2013 年度碳排放履约情况的公告》。

2014 年 8 月 15 日，天津市发改委发布《关于发布天津市碳排放权交易试点纳入企业 2013 年度履约名单的公告》。

2015 年 4 月 1 日，天津市发改委发布《市发展改革委关于开展碳排放权交易试点纳入企业 2014 年度碳排放报告与核查工作的通知》，附件公布了"纳入企业 2014 年度第二批次配额发放申请方案""纳入企业 2014 年度配额调整申请方案""纳入企业 2014 年度新增设施配额分配方案"。

## 2.2.6 湖北碳市场工作进展

1）试点准备阶段

湖北是唯一参与碳交易试点的中部省份，尚处于快速工业化进程中，其经济发展水平、产业结构和碳排放特征在全国具有较强的代表性。2013 年 2 月，湖北省发布了《湖北省碳排放权交易试点工作实施方案》，对湖北开展碳交易的主要工作和任务进行了安排和部署。2014 年 3 月 17 日，湖北省人民政府常务会议审议通过《湖北省碳排放权管理和交易暂行办法》（省政府令第 371 号），并于 4 月 4 日正式公布，规定 6 月 1 日起正式施行。值得注意的是湖北省在正式启动碳交易之前，于 3 月 31 日组织了第一次碳排放权配额竞价转让，挂牌转让总量为 200 万 t，基价为 20 元/t。经过公开竞价，成交 200 万 t，总成交金额为 4000 万元。

2）试点运行阶段

2014 年 4 月 2 日，湖北的碳交易试点正式启动交易。根据《湖北省碳排放权管理和交易暂行办法》，每年 5 月份最后一个工作日前，企业应当向主管部门缴还与上一年度实际排放量相等数量的配额和（或）中国 CCER；每年 6 月份最后一个工作日，主管部门在注册登记系统将企业缴还的配额、中国 CCER、未经交易的剩余配额以及预留的剩余配额予以注销；7 月份最后一个工作日，主管部门应当公布企业配额缴还信息。

## 2.2.7 重庆碳市场工作进展

2014 年 4 月 29 日，为规范本市碳排放权交易管理，促进碳排放权交易市场有序发展，推动运用市场机制实现控制温室气体排放目标，重庆市人民政府办公厅印发《重庆市碳排放权交易管理暂行办法》。

2014 年 5 月 28 日，为了规范碳排放配额管理，促进减排行动，保障碳排放权交易市场有序发展，重庆市发改委会制定了《重庆市碳排放配额管理细则（试行）》。

2014年5月28日，为了规范工业企业碳排放核算、报告和核查工作，确保碳排放信息的完整性、真实性和准确性，重庆市发改委会制定了《重庆市工业企业碳排放核算报告和核查细则（试行）》。

2014年5月28日，为了规范碳排放核算和报告工作，重庆市发改委会制定了《重庆市工业企业碳排放核算和报告指南（试行）》。

2014年5月28日，为了规范碳排放核查工作，重庆市发改委会制定了《重庆市企业碳排放核查工作规范（试行）》。

2014年6月3日，为规范碳排放交易行为，维护交易双方合法权益，保障碳排放交易活动依法有序进行，重庆联合产权交易所发布《碳排放交易细则（试行）》。

2014年6月3日，为有效控制碳排放交易风险，防范违规交易行为，保障正常的市场秩序，重庆联合产权交易所发布《碳排放交易风险管理办法（试行）》。

2014年6月3日，为加强碳排放交易市场管理，规范交易行为，保障市场参与者的合法权益，重庆联合产权交易所发布《碳排放交易违规违约处理办法（试行）》。

2014年6月3日，为规范碳排放交易信息的发布、传播和使用行为，保障交易当事人对交易信息的获取，维护重庆联合产权交易所的合法权益，重庆联合产权交易所发布《碳排放交易信息管理办法（试行）》。

# 2.3  试点市场运行表现

## 2.3.1  深圳碳交易市场运行表现

深圳碳市场也分为一级拍卖市场和二级交易市场。深圳碳市场在一级市场拍卖规则方面，更加具体和严格。由于严格控制了配额总量和参与一级拍卖市场的资格，深圳二级交易市场较为活跃。

1) 一级市场表现

深圳碳市场于 2014 年 6 月 6 日组织了第一次配额拍卖活动。拍卖的参与方是 2013 年度实际碳排放量超过 2013 年度实际确认配额的控排单位,其他控排单位和投资者不能参与拍卖活动。深圳碳市场规定,参加拍卖的投标人的最大申报量不得超过其 2013 年度实际碳排放量与 2013 年实际确认配额之间差值的 15%,否则视为无效投标。拍卖的中标配额将直接转入中标人的履约账户,由主管部门直接冻结,以专门用于配额履约,拍卖配额不得用于市场交易。拍卖标的为 2013 年度深圳碳排放配额(SZA-2013)。总拍卖数量为 20 万 t,拍卖底价为 35.43 元/t,最高投标价位 80 元/t。共有 94 家控排企业参与了这次拍卖,拍卖数量为 20 万 t,成功出售配额 7.49 万 t,占拍卖数量的 37.49%,总成交金额为 265 万元。

2015 年 6 月 25 日深圳排放权交易所已经签发碳排放配额至各管控单位的注册登记账户,2015 年 7 月 1 日正式上市 2015 年碳排放配额(SZA-2015)。

2) 二级市场交易情况

在首个履约年度内(自启动至 2014 年 6 月 30 日),深圳碳市场实现交易量 157 万 t,交易额约为 1.09 亿元,交易均价 69.11 元/t。其中线上现货交易量 139 万 t,交易额 9977 万元,交易均价约为 71.82 元/t;大宗交易量 11 万 t,交易额 6295 万元,交易均价约为 59.88 元/t。截至 2015 年 7 月 1 日,深圳碳市场配额总成交量 413 万 t,总成交额达 2.05 亿元。

从交易方面看,目前已在交易所开户的除了控排企业外,还有 6 家机构投资者,543 位个人投资者。截至 2014 年 4 月 30 日,这些市场主体共完成了 27.1 万 t 配额交易,总成交额约为 1908 万元。其中,管控单位买入 15.9 万 t,约占买入量的 6 成,卖出 22.7 万 t,占比 8 成以上。个人投资者买入量约占整个市场买入量的 3 成,卖出量占比约为 12%,其余交易机构投资者完成。

3) 配额交易量与交易价格

截至 2015 年 7 月 1 日,深圳碳市场配额成交量 205 万 t,居全国第三。根据深圳排放权交易所电子平台,深圳碳市场年度最低价格为 28 元/t,年度最高价格为 143 元/t。从成交价格区间(图 2-4)看,截至 2015 年 9 月 30 日,深圳碳市场成交价集中在 60~90 元区间内的比例为 87%,其中,在 70~80 元价位的成交量占到近 7 成;80~90 元价位成交的比例从最初的 25% 下降到 4.5%。30~40 元成交量主要发生在一级拍卖市场，50～60元价格主要发生于大宗交易。

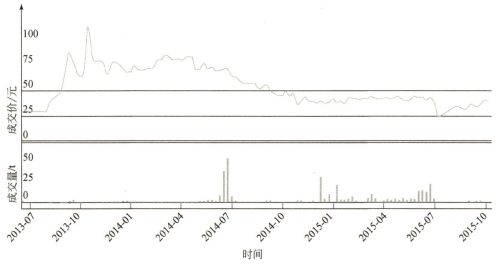

图2-4　深圳市碳排放配额交易价格与交易量走势图

（2013年6月18日至2015年10月9日）

4）交易主体情况

深圳一直在积极探索完善交易市场，目前已将636家重点工业企业和197栋大型公共建筑纳入碳排放管控范围，初步建成了多层次的碳交易市场，目前深圳碳市场中有机构投资者6家、个人投资者640人。其中控排单位买入133万t配额，卖出137万t配额，占总交易量的90.2%；个人投资者买入14万t，卖出10万t，占总交易量的8.21%；机构投资者买入2.5万t，卖出2.2万t，占总交易量的1.59%；公益会员买入115t，占总交易量的0.004%。

## 2.3.2　上海碳交易市场运行表现

1）配额分配

根据上海市碳排放交易试点范围，即本市行政区域内钢铁、石化、化工、有色、电力、建材、纺织、造纸、橡胶、化纤等工业行业2010～2011年中任何一年二氧化碳排放量2万t及以上（包括直接排放和间接排放）的重点排放企业，以及航空、港口、机场、铁路、商业、宾馆、金融等非工业行业2010～2011年中任何一年$CO_2$排放量1万t及以上的重点排放企业，上海首年配额总量约为1.6亿t，低于广东省和湖北省，在五个直辖市中位居前列，与天津市相当。

在配额发放上，上海对钢铁、石化、化工、有色、建材、纺织、造纸、橡胶、化纤、铁路、商业、宾馆、金融均采用了历史法进行分配，对电力、航空、港口和机场采用了行业基准线法分配。首年电力、钢铁、石化企业所获配额分别占总配额的 39.6%、28.9%、12.9%，居前三位。此外，上海还根据分配方案共向符合条件的 14 个新建项目发放 2013 年度新增项目配额 241 万 t。

2）交易规模

（1）整体情况：自开市至 2015 年 3 月底，上海市碳交易市场共运行了 70 周，超过 320 个交易日，三个品种配额（SHEA13、SHEA14 和 SHEA15）的二级市场累计成交量分别为 153.4 万 t、99.4 万 t 和 0.3 万 t，合计 253.1 万 t，占 7 个交易试点累计成交量的 13.2%，累计成交额为 9225.7 万元，占 7 个交易试点累计成交额的 13.6%。此外，2014 年 6 月 30 日，SHEA13 有偿发放竞买总量为 7220t，总成交额为 34.7 万元。

（2）成交量：呈现在开市之初表现平淡，履约期活跃，履约期后低迷，休整后回升的特点。从首日成交 12 000t 后，在 2014 年 2 月之前，上海碳交易市场的成交量和成交额并不理想，周成交额都在 10 万元以下。2014 年 2 月 13 日，上海碳交易成交量跃至 20 600t，接近之前两个多月的累积成交量。这主要是由于在 2 月初，很多企业拿到了自己上一年度的相关电力和能耗数据，对上一年度的碳排放有了基本判断，进入市场买卖的意愿有所加强。随着 4 月底企业碳排放报告核查工作的完成以及 6 月份履约期的临近，企业根据核查结果和分配配额之间的差异进入市场进行买卖，5 月中旬开始市场的活跃度又逐渐攀升，6 月 11 日，由于产生了大笔的协议转让，当周累积成交量达到了 502 962t，交易额为 2017 万元，超过开市以来的累积成交量和成交额。6 月上海碳交易市场的成交量达到了 111.5 万 t，占第一个履约期成交量的 71.8%，占总成交量的 44%。第一个履约期结束以后，上海碳市场经历了两个月的调整，期间无交易发生。此后随着 9 月上海碳市场对机构投资者开闸，成交量逐渐回升，在 2014 年最后 1 个月中，日均成交量已达 1.3 万 t，随着第二个履约期的临近，成交量在 3 月底之前一直保持比较平稳的状态。

3）交易品种

上海碳交易市场一共有三个品种：SHEA13、SHEA14 和 SHEA15。其中，三个品种二级市场累计成交量分别为 153.4 万 t、99.4 万 t 和 0.3 万 t，合计 253.1 万 t，分别占总成交量的 60.60%、39.29% 和 0.12%。累计成交额分别为 6038.8 万元、3206.4 万元和 7.5 万元，分别占总成交额的 65.46%、34.76% 和 0.08%。三个品种的成交价分别为 39.4 元/t、32.3 元/t 和 25 元/t。

4）履约情况

2014 年，上海、深圳、北京、广东和天津五个试点省市完成了首年履约，其中，仅上海在规定时间内 100% 完成了履约。北京、广东和天津均推迟了履约日期。

从履约成交量和成交额来看，如果不考虑广东 3% 的有偿配额，五大试点省市在碳市场上进行交易的累计成交量超过 700 万 t，累计成交额超过 3.5 亿元。若计入广东的有偿竞价量，则市场上累计成交量和成交额分别突破了 1850 万 t 和 10 亿元。从不同试点的成交情况来看，不考虑广东的有偿竞价发放量，北京累积成交量超过 200 万 t，居首位，深圳和北京的累积成交额均突破了 1 亿元。

上海自开市至第一个履约期共运行了 144 个交易日，SHEA13、SHEA14 和 SHEA15 三个品种的累积成交量达 155.3 万 t，累积成交额为 6091.7 万元，参与交易的试点企业为 82 家。其中，挂牌交易总成交量为 92.9 万 t，总成交额为 3638.2 万元，协议转让交易总成交量为 62.4 万 t，总成交额为 2453.5 万元。交易品种以 SHEA13 为主，占总成交量的 98.65%。

上海碳排放交易工作的开展，对于推动企业减少能源使用、调整能源结构起到了较好的作用：191 家试点企业 2013 年实际排放量比 2011 年下降 2.7%；2013 年工业试点企业碳排放较 2011 年下降 3.5%，工业企业（不含电力）煤炭消费量占比相对 2010 年下降了 3.2%，天然气相对 2010 年上升了 4%。

## 2.3.3　北京碳交易市场运行表现

1）配额分配

碳排放权配额是由北京市发改委核定，允许重点排放单位在本市行政区域一定时期内排放二氧化碳的数量，单位以"$tCO_2$"计。

企业（单位）年度 $CO_2$ 排放配额总量包括既有设施配额、新增设施配额、配额调整量三部分。既有设施的配额核定采用基于历史排放总量的配额核定方法和基于历史排放强度的配额核定方法。新增设施的配额核定按所属行业的 $CO_2$ 排放强度先进值进行。已完成了配额核定的重点排放单位，如果提出配额变更申请，北京市发改委对有关情况进行核实，确有必要的，在次年履约期前参考第三方核查机构的审定结论，对排放配额进行相应调整，多退少补。另外，每个行业每年都有各自的控排系数，从94% ~100%不等。

北京碳市场配额分配采用历史法和基准线法，坚持"适度从紧"的原则，同时政府还预留不超过年度配额总量的5%用于公开市场操作，两者结合有效保证了北京碳市场的总体稳定。

2) 交易规模

2013年11月28日开市至2014年12月31日，北京市碳排放权交易平台共成交704笔，累计成交量215.7万 t，成交额1.07亿元，市场成交量和成交额分布居7个试点地区的第二名和第三名。其中，线上公开交易成交107.4万 t，成交额6386.8万元，成交均价59.46元/t，较初始价格上涨16.02%，协议转让共成交108.3万 t。此外，北京市林业碳汇共成交3550t，成交额13.49万元，成交均价38.0元/t。

2015年1月6日至2015年4月17日，北京碳配额共成交198笔，累计成交量97.2万 t，成交额约4300万元。至此，从开市至2015年4月17日，北京市碳配额共成交902笔，成交量3 129 693 t，成交额150 004 666.60元。其中线上成交867笔，成交量1 319 572 t，成交额76 577 663.50元，成交均价58.03元/t，较初始价格上涨13.23%。

a. 线上交易

图2-5为2014年北京市碳排放权公开交易（线上）详情，2015年1月至4月17日北京碳排放权公开交易（线上）详情见图2-6。在2014年的176个有效交易日中，线上公开交易的平均价格为59.74元/t，87%的交易日价格波动范围在±5%以内，98%的交易日价格波动范围在±10%以内，总体来看价格走势比较平稳。企业履约关键期的5、6和7月交易分外活跃。3个月的合计交易量达到190万 t，约占全年90%。不同于履约期结束后平静的上海碳交易市场，北京碳市场在履约期之后仍呈现出成交活跃的态势，价格从50元/t波动上涨至70元/t左右，7月10

日突破70元大关，收于74.07元/t，一路升至7月16日的77元后戛然而止，创北京开市以来价顶。从7月21日开始的一周，价格均维持在70元之上。随着履约工作的结束，价格又逐步回落至50～55元/t。这说明2013年结余的配额交易需求开始下降。

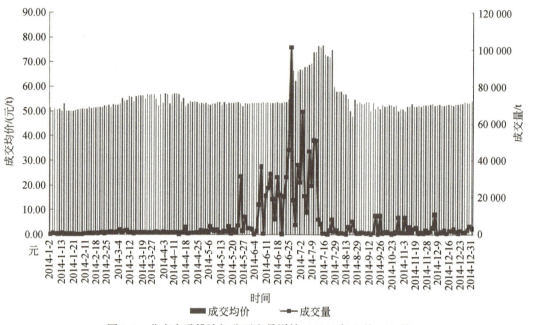

图2-5  北京市碳排放权公开交易详情（2014年1月～12月）

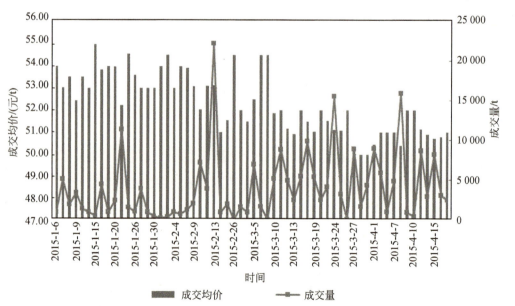

图2-6  北京市碳排放权公开交易详情（2015年1月～4月17日）

b. 线下协议转让

线下协议转让具有谈判空间大、条款灵活、手续费低等特点，适合于配额需求量大、谋求建立长期合作关系的交易参与人。2014 年北京碳市场共完成线下协议转让 26 笔，有 36 家机构参与，其中履约机构 34 家、非履约机构 2 家。总成交量 104 万 t，成交金额 4113 万元。虽然交易量与线上公开交易基本持平，但在单笔交易规模上，线下协议转让达到 4 万 t/笔，远远高于线上公开交易的单笔平均交易量。具体交易量区间分布如表 2-1。

从月度分布情况看，线下协议转让集中发生于 6 月，当月共成交 16 笔，成交量 98 万 t，占全年协议转让成交总量的 94%，反映出履约冲刺期部分履约机构强烈的大额购买需求。

从线下协议转让的单笔成交量来看，单笔 1 万 t 以下成交笔数占 54%，表明协议转让在关联公司之间的交易比较频繁；单笔 10 万 t 以上的交易量占成交总量的 70%，反映出线下协议转让在大宗交易方面举足轻重的作用。

表 2-1　北京碳市场 2014 年线下协议转让成交量区间分布

| 交易量区间/t | 交易笔数 | 交易量/t |
| --- | --- | --- |
| 1 万以下 | 14 | 46 225 |
| 1 万~5 万 | 6 | 104 806 |
| 5 万~10 万 | 2 | 158 000 |
| 10 万以上 | 4 | 734 090 |

3）交易品种

北京碳市场的交易产品主要包括两类四种，分别是碳排放配额和经审定的项目减排量，后者分为三种。碳排放配额是指由北京市发改委核定的，允许重点排放单位在本市行政区域一定时期内排放 $CO_2$ 的数量。经审定的项目减排量由国家发改委或北京市发改委审定的 CCER、节能项目和林业碳汇项目的碳减排量等，单位以"$tCO_2e$"计。

4）履约情况

履约是碳排放总量控制的关键环节，是碳市场稳定运行的重要前提，能反映出碳市场制度设计与实施运行的状况。按照规定，北京市重点排放单位应于 2014 年 6 月 15 日前，通过碳排放权注册登记簿开设的履约账户上缴与其 2013 年度 $CO_2$

排放总量相等的碳排放配额，用于抵消 2013 年度的碳排放，完成履约。履约操作主要包括重点排放单位年度排放报告报送、第三方核查和上缴配额等环节。

a. 履约进展

进入履约期之后，相关主管部门做出了部署工作，履约进展如表2-2。

表 2-2　北京碳市场 2014 年履约进展情况

| 日期 | 履约工作 |
|---|---|
| 2014.3 | 发布《关于开展 2014 年碳排放报告报送核查及履约情况专项监察的通知》，定于 2014 年 3 月至 7 月开展碳排放报告、第三方核查报告报送及履约情况专项监察 |
| 2014.4 | 再次督促企业报送碳排放报告 |
| 2014.5 | 印发《关于规范碳排放权交易行政处罚自由裁量权的规定》 |
| 2014.6 | 再次敦促重点排放单位加快开展履约工作，对未在 6 月 27 日前完成履约的重点排放单位，将依据《关于规范碳排放权交易行政处罚自由裁量权的规定》予以市场均价的 3～5 倍处罚 |
| 2014.7 | 北京市节能监察大队对微软（中国）有限公司、百盛商业发展有限公司、北京统一饮品有限公司、北京现代摩比斯汽车零部件有限公司和北京世邦魏理仕物业管理服务有限公司等 5 家未按规定履约的企业进行了现场监察、调查取证等工作 |

b. 履约成效

根据排放单位上报的 2009～2012 年碳排放报告，经第三方核查后，415 家企业（单位）纳入 2013 年度重点排放单位，主动履约率达到 97.1%。12 家未按规定履约的单位也被进行了碳交易执法。

首个履约的实践表明，北京市已初步建成了履约主体明确、规则清晰、监管到位的碳排放权交易市场，试点工作取得明显成效。通过建立碳排放总量控制下的碳排放权交易市场，促进重点排放单位提高了节能减碳意识，增强了节能低碳工作的主动性，拓宽了企业履行节能减碳责任的途径。

## 2.3.4　广东碳交易市场运行表现

1）一级市场运行情况

2013 年 12 月 16 日，广东省启动首次有偿配额竞价发放。截至 2015 年 9 月，广东碳交易一级市场累计成交配额 1486.19 万 t，总成交金额 740 443 600 元。在全国现有的已开展一级市场的试点（广东、湖北、上海、深圳）中，成交量和总成交金额均遥遥领先。其中，2013 履约年度总共完成 5 次配额拍卖，共成交配额 11 123 339t，成交金额 667 400 340 元；2014 履约年度共完成 2 次配额拍卖，成交配额 2 701 442t，成交金额 73 043 260 元；2015 年度配额于 9 月 21 日首次有偿竞价发放，当日举行的竞价计划发放总量为 30 万 t，政策保留价为 12.84 元/t，30 万 t 碳配额全部售出。截至竞价成交结束，据统计参与竞价的共有 19 家控排企业、新建项目单位及投资机构参加，最高申报价为 20 元/t，最低申报价为 12.85 元/t，有效申报总量达 104.1657 万 t。最终共有 4 家竞价成功，统一成交价为 16.1 元/t，成交量为 30 万 t，总成交金额为 483 万元。

表 2-3　广东省有偿配额竞价发放情况

| 拍卖时间 | 发放总量/t | 实际成交量/t | 成交价/底价/<br>（元/t） | 总竞买人数 | 成功竞买人数 |
|---|---|---|---|---|---|
| 2013.12.16 | 3 000 000 | 3 000 000 | 60/60 | 56 | 28 |
| 2014.1.6 | 5 000 000 | 3 892 761 | 60/60 | 46 | 46 |
| 2014.2.28 | 2 000 000 | 1 130 557 | 60/60 | 24 | 24 |
| 2014（4.3, 4.17, 5.5） | 3 600 000 | 1 737 151 | 60/60 | 80 | 80 |
| 2014.6.25 | 1 865 000 | 1 362 870 | 60/60 | 46 | 46 |
| 2014.9.26 | 2 000 000 | 2 000 000 | 26/25 | 33 | 19 |
| 2014.12.22 | 1 000 000 | 701 442 | 30/30 | 12 | 12 |
| 2015.9.21 | 300 000 | 300 000 | 16.1/12.84 | 19 | 4 |

资料来源：广州碳排放权交易所

情况 1：履约年度首次拍卖均供不应求。

从表 2-3 可以看出，在 2013、2014 和 2015 年度的首次配额竞价中（2013 年 12 月 16 日、2014 年 9 月 26 日、2015 年 9 月 21 日），配额拍卖量均全部成交，且总竞买人数远高于成功竞买人数，配额拍卖呈现供不应求状态，2014 和 2015 年度的配额首次拍卖还出现了成交价高于拍卖底价的情况。

情况 2：履约年度内其他拍卖均供过于求。

截至 2015 年 9 月，在经历首次配额竞价后，2014 年度其他场次有偿配额竞价实际成交量均低于发放总量，最终以底价成交，所有参与竞买者均成功竞买，配额竞价呈现供过于求的状态。

广东配额竞价政策缺乏连续性，相邻履约年变化较大。2013 年配额拍卖采用 3% 强制性有偿拍卖，2014 年则为自愿参与；而在配额竞拍底价上，2013 年配额拍卖底价为 60 元/t，2014 年首次拍卖则直接降为 25 元/t，之后再采用 5 元/t 的阶梯上升，到 2014 年度最后一次拍卖底价达到 40 元/t。配额竞价政策变动大，且缺乏合理解释，一定程度打击了企业参与碳交易的积极性（表 2-4）。

表 2-4　广东各行业配额拍卖竞买数情况

| 竞买行业 | 成功竞买数 | 成功竞买数占比/% |
|---|---|---|
| 电力 | 65 | 34.76 |
| 水泥 | 57 | 30.48 |
| 钢铁 | 51 | 27.27 |
| 石化 | 10 | 5.35 |
| 机构投资者 | 4 | 2.14 |

资料来源：广州碳排放权交易所

广东碳市场交易行业以电力为主，在参与配额竞价的行业中，电力行业居各行业交易量之首，其共竞得配额 8 914 545t，占配额拍卖总量的 64.48%，其次分别为水泥行业、机构投资者、钢铁行业和石化行业。从成交金额来看，电力行业以 4.89 亿元高居各行业之首，占配额拍卖总成交金额的 66.11%，其次分别为水泥行业、钢铁行业、石化行业和机构投资者（图 2-7）。

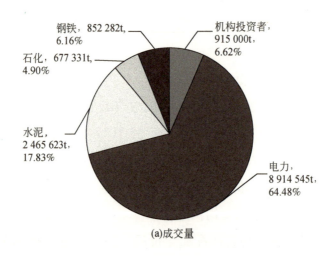

(a)成交量

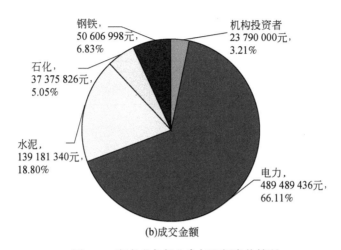

(b)成交金额

图 2-7　广东省各行业参与配额竞价情况

2）二级市场运行情况

2013 年 12 月 19 日，广东碳交易二级市场正式启动，首日交易创下当时中国碳市场五个第一。截至 2015 年 9 月 20 日，广东碳市场累计成交配额 2228.74 万 t，总成交金额 9.46 亿元，占据中国碳市场的半壁江山。其中，二级市场成交量 742.55 万 t，成交金额 1.47 亿元。

广东碳交易二级市场共有挂牌点选、单向竞价、协议转让和挂牌竞价四种交易方式，但目前采用的为挂牌点选和协议转让两种。

首月（2013 年 12 月）成交配额 12.01 万 t，但之后较长一段时期成交清淡。2013 年度履约期前后，即 2014 年 6～8 月，交易开始井喷，月度成交量分别为 45.18 万 t、62.54 万 t 及 8.98 万 t，这三个月成交量约占年度配额总成交量的 87%，2014 年 9 月后交易又重新趋于清淡。由于临近试点结束期，2015 年广东碳价一直处于较为低迷的状态，在 20～30 元徘徊，成交量也处于历史低位，2015 年 9 月 21 日举行的首次配额竞价成交价为 16.1 元/t $CO_2$。自 2014 年度履约结束（2015 年 6 月 23 日）以来，截至拍卖前一交易日，广东配额成交量 431.59 万 t，较去年同期增长 482.91%（图 2-8）。近来，二级市场的火爆也使得一级市场参与者和各行业投资者加强了对投资广东碳市场的信心。另一方面，此次参与竞价的企业和单位以电力行业居多，凸显了电力行业较大的履约刚性需求，从而促发了此次竞拍供不应求的现象。具体而言，2014 年 6 月 5 日和 6 月 10 日出现了截至今年 2 月底广东碳市场最高的日成交量，并各产生了一笔协议转让。这两笔协议转让成交量为 320 444t，占 6 月总成交量的七成。其中，6 月 5 日的买卖双方均为电力企业，为某电力企业集团旗下控排电厂之间的配额调配，而 6 月 10 日的协议转让方向为一家电力企业卖给一家水泥企业。

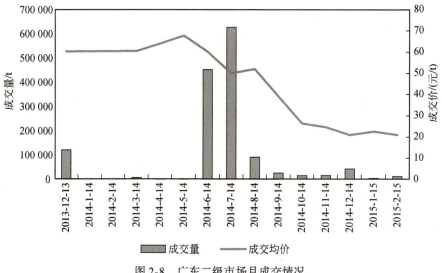

图 2-8  广东二级市场月成交情况

2014 年 7 月 8 ~ 15 日是交易最为活跃的时段，日均成交量超过 7.5 万 t，而 7 月 15 日正是各控排企业提交配额履行清缴责任的最后期限（图 2-9）。由此可见，随着履约日期临近以及市场向投资机构、个人投资者开放等政策陆续实施，广东碳交易二级市场在履约期前呈现活跃态势，碳配额需求持续增加。

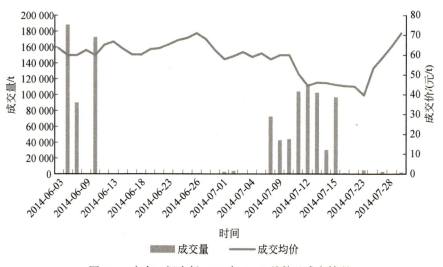

图 2-9  广东二级市场 2014 年 6 ~ 7 月份日成交情况

2013 年度配额履约期前其价格维持在 50～70 元/t，处于稳定波动状态。在 2014 年 8 月中旬出台 2014 年碳排放配额实施方案后，受有偿配额竞价底价大幅下调等新政策的影响，二级市场配额价格直线下落，并跌破 2014 年度有偿配额首次拍卖底价 25 元/t，2015 年配额价格持续下滑，从年度的 20 元/t 下滑到 16 元/t 左右。

截至 2015 年 9 月底，广碳所共有控排企业和新建项目企业会员、机构投资者会员、个人投资者会员、服务类会员和战略合作会员共计 319 家。参与二级市场交易的会员数有 92 家，约占会员总数的 30%。从参与交易的会员行业结构看，控排企业、投资机构、个人分别为 53 家、9 家和 30 家，其中，水泥和电力企业成为控排企业中参与碳交易的主力军，分别为 21 家和 22 家。

由此可见，控排企业是参与二级市场交易的主体，而投资机构和个人会员有后来居上，日渐活跃的趋势，成为活跃市场不可或缺的部分（图 2-10）。

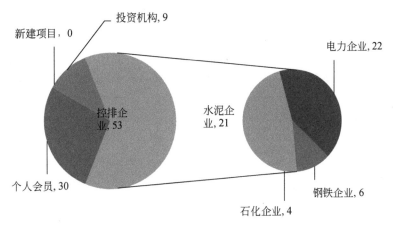

图 2-10　广东碳交易二级市场参与交易的会员结构

从交易量来看，截至 2015 年 9 月 21 日，电力、水泥、投资机构买卖交易量居市场前三名，总交易量分别占卖方交易总量和买方交易总量的 95.7% 和 93.4%。从成交均价来看，电力行业呈现买卖持平的现象，而个人、机构投资者和石化行业则存在低买高卖现象，尤以个人投资者最为明显，而这三者的配额买入量也超过其配额卖出量，或说明其参与碳交易具有一定"囤货观望，待价而沽"的投机心态。从行业净买入、净卖出情况看，电力和钢铁企业卖出量高于其买入量，可见其配额存在一定盈余，履约压力较小；相反，水泥行业买入量远高于其卖出量，反映出水泥行业普遍配额不足。

3）CCER 交易情况

2015 年，广东碳市场出现了中国第一单 CCER 线上交易。该交易由上海宝碳新能源环保科技有限公司向项目业主龙源电力股份集团有限公司所属甘肃新安风力发电有限公司购买 CCER 20 万 t（项目为国内首个备案 CCER 项目，备案减排量为251 311tCO$_2$e），分两笔执行，均以协议转让方式成交，其中一笔成交价为 19 元/t。广碳所国内首单 CCER 线上交易的成功完成，不仅标志着国内 CCER 与配额市场的新型互联互通，也标志着广碳所实现碳金融创新模式、服务低碳实体经济的新跨越。

## 2.3.5 天津碳交易市场运行表现

天津市碳排放权交易市场于 2013 年 12 月 26 日正式启动，于 2014 年 7 月 25 日结束首个履约周期，于 2015 年 7 月 10 日结束第二个履约周期。表 2-5 是天津碳市场启动当日协议交易情况。

表 2-5　天津市碳排放权交易试点开市当日协议交易统计

| 买家 | 卖家 | 成交量/t | 成交单价/（元/t） | 成交金额/万元 |
| --- | --- | --- | --- | --- |
| 汉能控股集团有限公司 | 天津华能杨柳青热电有限责任公司 | 10 000 | 28 | 28 |
| 中信证券投资有限公司 | 中国石油天然气集团有限公司大港油田分公司 | 10 000 | 28 | 28 |
| 华能碳资产经营有限公司 | 大港油田集团有限责任公司 | 10 000 | 28 | 28 |
| 东北中石油国际事业有限公司 | 天津国投津能发电有限公司 | 10 000 | 28 | 28 |
| 天津低碳发展与绿色供应链管理服务中心有限公司 | 天津国投津能发电有限公司 | 5 000 | 26 | 13 |
| 合计 | | 45 000 | | 125 |

遵约情况是对试点规则是否合理，体系设置是否科学，系统运行是否流畅，配套工作是否完整以及指标分配情况的全面检验。对于深圳、上海、北京、广东、天津这五个市场而言，履约标志着碳市场首年运行的结束，也是一次对市场设计的最终总结和考验，全面检验配额分配、MRV 体系、市场运行、企业教育等各项

设计工作。

截止到 2015 年 7 月 10 日，天津市碳排放权交易市场运行 376 个交易日，共成交 2 033 013t，成交金额 35 829 730.32 元。其中，线上交易 281 700t，成交金额 8 093 072.80 元，成交均价 28.73 元/t，最高成交价 52.27 元/t，最低成交价 11.20 元/t；协议交易 1 751 313t，成交金额 27 736 657.52 元，成交均价 15.84 元/t，最高成交价 40 元/t，最低成交价 13.50 元/t。

在 2014 年首批履约的 5 个碳交易试点中，上海和深圳均按照原定时间完成了履约工作，其中，上海履约率达到 100%；深圳企业履约率为 99.4%，配额履约率为 99.7%。北京、天津、广州 3 个试点虽出现延期，但履约成果显著，首个履约期天津履约率为 96.5%。天津纳入企业数量为 114 家，第一个履约期结束后有 4 家未履约。总体来看，天津碳交易试点市场工作总体进展顺利，交易体系运转稳定，交易规模逐步扩大，但仍有一些问题亟待解决，包括交易流动性不均衡、参与企业交易意识淡薄、配套制度并不完备等。这些都是天津碳市场下一步实现健康稳定发展必须要跨越的几个障碍。

在 2015 年第二个履约年，天津 112 家纳入企业中，履约企业 111 家，未履约企业 1 家，履约率为 99.1%。

自 2013 年 12 月 26 日天津碳市场开市至 2015 年 7 月 31 日，天津碳排放权交易市场碳配额价格走势如图 2-11 所示。

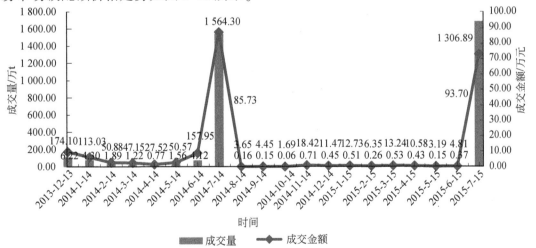

图 2-11　天津碳市场成交情况（2013 年 12 月～2015 年 7 月）

资料来源：天津排放权交易所

从图 2-12 可以看出，天津碳市场碳价走势有如下特点：

（1）初始价格较低，为 28 元/t，最低价格出现在第二个履约期即将结束前，约为 11 元/t。

（2）碳价走势大体分为四个阶段：第一阶段为 2013 年底至 2014 年 3 月初，碳价波动较为平稳，开市后逐渐走低至 25 元/t 左右，到 2014 年 3 月初又回到 30 元/t 附近。第二阶段为 2014 年 3 月至 2014 年 7 月底，也就是纳入企业开始准备 2013 年碳排放报告至 2013 年度履约期结束。这段时间交易较为活跃，碳价波动也较大。从 3 月初起碳价快速升高至 50 元/t，随后又快速下降，但大体在 30~40 元/t 波动，并在 2014 年 6 月底达到 42 元/t。但进入 2014 年 7 月后碳价又快速下跌，到 2013 年配额产品停止交易（即首个履约期结束）时降至 17 元/t。第三阶段为 2014 年 7 月 28 日至 2015 年 4 月，随着 2013 年度履约期结束和 2014 年配额产品上市交易，碳价逐步从不足 20 元/t 上升，在 2014 年 9 月再次达到 30 元/t，随后平稳下降，并在此后的几个月内在 25 元/t 附近小幅波动。第四阶段为 2015 年 5 月至 7 月履约期结束，碳价一路走低。

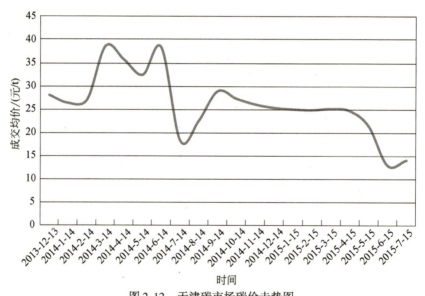

图 2-12　天津碳市场碳价走势图

资料来源：天津排放权交易所

天津碳市场设计了三种交易方式：网络现货交易、协议交易和拍卖交易。自试点启动以来，天津尚未开展配额拍卖，因此交易只有网络现货交易和协议交易两种方式。从公开数据了解到的情况看，天津碳市场的成交量和成交额主要来自协议交易，其比重占到了 70% 左右，且协议交易大多集中在两年履约期末尾。截至 2015 年 7 月 10 日，天津碳市场线上交易累计成交量 281 700t，协议交易 1 751 313t，累计成交额 35 829 730. 32 元。

## 2.3.6 湖北碳交易市场运行表现

1）配额分配

根据"十二五"期间国家下达的单位生产总值 $CO_2$ 排放下降 17% 的目标，并结合 2014～2020 年湖北省经济增长趋势的预测，确定年度碳排放配额总量。其中，2014 年碳排放配额总量为 3.24 亿 t。

碳排放配额总量包括年度初始配额、新增预留配额和政府预留配额。计算方法如下：

年度初始配额＝2010 年纳入企业碳排放总量×97%

新增预留配额＝碳排放配额总量－（年度初始配额＋政府预留配额）

政府预留配额＝碳排放配额总量×8%

考虑到市场价格发现等因素，政府预留配额的 30% 用于公开竞价。竞价收益用于市场调节、支持企业减排和碳市场能力建设等。

对企业初始配额的分配采用的是历史法和基准法相结合的形式，对电力行业以外的工业企业采用的是历史法，电力行业的配额分为预分配配额和事后调节配额，其中，事后调节配额的增发配额按基准值法。

2）交易规模

（1）整体概况：截至 2015 年 3 月底，湖北碳交易共运行了近一年时间，超过 230 个交易日，总交易量为 836 万 t，占 7 个碳交易试点成交总量的 43% 左右，累计日均成交量为 3.5 万 t，总成交额为 20 074 万元，占 7 个碳交易试点成交总额的 30% 左右。

（2）交易量：从成交量变化来看，与上海不同，湖北碳交易一开市便表现活跃，逐渐下降后经过一段平稳期到 2014 年年底又开始出现了较大幅度的波动。据此特征可以把湖北碳交易市场划分为三个时期：2014 年 4 月～7 月；2014 年 8 月～11 月；2014 年 12 月～2015 年 3 月，三个时间段的交易量分别为 496.2t、124.4t 和 211.2t，分别占总成交量的 59.4%、14.9% 和 25.6%。

## 2.3.7 重庆碳交易市场运行表现

重庆有 242 家企业被纳入了重庆市的碳排放权交易市场，这些企业分布在重庆市辖属的 40 个区县。据了解，重庆工业的二氧化碳排放量占全市排放量的 70% 左右，而本次选定的 242 家控排企业的碳排放量占排放总量近 60%。重庆碳市场 2013 年度配额总量 125 197 019t（约 1.25 亿 t）。2014 年 6 月 19 日，重庆碳排放权交易市场正式开市。开市当天成交 16 笔，交易规模为 14.5 万 t，交易额约 445 万元。重庆碳市场开市当日成交情况如表 2-6 所示。

表 2-6  重庆市碳交易开市当日成交情况

| 序号 | 卖方 | 买方 | 成交量/万 t | 成交额/万元 |
|---|---|---|---|---|
| 1 | 石柱四方化工集团有限公司 | 重庆宏烨实业（集团）有限公司 | 1 | 30.5 |
| 2 | | 重庆磐泰工业发展有限公司 | 0.5 | 15 |
| 3 | | 重庆常青藤环保工程有限公司 | 0.5 | 15 |
| 4 | 重庆松藻电力有限公司 | 中国水利电力物资有限公司 | 1 | 30.5 |
| 5 | | 华能碳资产经营有限公司 | 0.5 | 15.25 |
| 6 | | 重庆万林投资发展有限公司 | 1 | 31.5 |
| 7 | 奉节县东阳建材有限责任公司 | 环保桥（上海）环境技术咨询有限公司 | 1 | 30.5 |
| 8 | | 清能投资咨询（北京）有限公司 | 1 | 31 |
| 9 | 重庆钢铁股份有限公司 | 重庆市江津区珞璜开发建设有限公司 | 1 | 30.5 |
| 10 | | 中信寰球商贸（上海）有限公司 | 1 | 31 |
| 11 | | 重庆麻柳沿江开发投资有限公司 | 1 | 30 |
| 12 | 重庆富源化工股份有限公司 | 重庆鸿业实业（集团）有限公司 | 1 | 30 |
| 13 | | 重庆海州化学品有限公司 | 1 | 31.5 |
| 14 | 重庆长寿经济技术开发区开发投资集团有限公司 | 重庆市城口县来凤铁合金有限公司 | 1 | 31 |
| 15 | 重庆市武隆工业发展（集团）有限公司 | 华能重庆珞璜发电有限责任公司 | 1 | 31.5 |
| 16 | 重庆市蓬坤建材有限公司 | 重庆永福实业有限公司 | 1 | 31.5 |
| 合计 | | | 14.5 | 445.75 |

在碳交易市场开市当日，招商银行、中国建设银行、兴业银行分别与重庆联交所集团签订了《战略合作协议》，探索碳排放配额担保融资等新型金融服务。另外，在开市仪式上，西部省份代表（重庆、内蒙古、广西、云南、新疆建设兵团）签署了低碳工作合作交流意向书，重庆市发改委与渝北生态涵养发展区和渝东南生态保护发展区有关区县政府签订了支持碳汇开发工作协议，重庆联交所集团与招商银行、建设银行、兴业银行签订了银企合作协议。

2015 年 2 月，重庆市发改委发布《重庆市发展和改革委员会关于下达重庆市 2014 年度碳排放配额的通知》，共下发 2014 年度碳排放配额 115 686 722t，比去年减少 951.0297 万 t，下降 7.60%。重庆的 2013 年度配额将与 2014 年度配额一起在 2015 年配额清缴期内进行清缴。

根据之前公布的《重庆市碳排放配额管理细则（试行）》，重庆将 2008～2012 年任一年度排放量达到 2 万 $tCO_2e$ 的工业企业纳入配额管理。2015 年前，按逐年下降 4.13% 确定年度配额总量控制上限，2015 年后根据国家下达的碳排放下降目标确定。

截至 2015 年 9 月 30 日，重庆碳排放权交易中心品种代码为 600001 的碳排放配额，累计成交约 27 万 t，累计成交金额约 669 万元。

## 2.4  碳市场试点特色分析

### 2.4.1  深圳碳交易市场运行特色

深圳作为国家发改委确定的"五市两省"7 个碳交易试点地区中的唯一计划单列市，在产业结构、人口规模及碳排放总量规模上具有一定的特殊性，同时，深圳具有特区立法权优势，在出台碳交易法规和制度方面具有独特的优势。

1）充分利用特区立法权优势，为碳交易提供了强有力的法律保障

深圳充分利用特区立法权优势，出台了地方性法规和政府规章，为推进碳交易试点奠定了坚实的法律基础。2012 年 10 月，深圳市人大常委会通过的《深圳经济特区碳排放管理若干规定》是国内首部确立碳交易制度的法律，被全球立法者联盟评为当年全球气候变化立法九大亮点之一。2014 年 3 月，深圳市政府出台的

《深圳市碳排放权交易管理暂行办法》，其篇幅和详细程度也居各试点碳交易管理办法之首。

2）碳排放管理开创了总量和强度双重控制模式

深圳的产业结构决定了深圳碳交易体系采用总量和强度双重控制碳排放的方法进行管理。一方面根据经济发展情况为纳入碳交易体系的管控单位设置碳排放总量；另一方面根据管控单位及其行业的历史碳排放强度为每个行业和管控单位设定碳排放强度目标，并根据实际生产情况对每个管控单位的配额进行调整。但同时规定，配额调整中的新增配额不得超过扣减配额，保证碳排放总量不会因为配额调整被突破。这种双重控制模式既符合碳交易机制的"总量控制"的要求，又满足了深圳经济不断增长的实际需要。

3）运用有限理性重复博弈理论，创新配额分配方法

深圳碳排放权交易体系设计面临着一个深刻的矛盾，即直接碳排放比例低且碳排放源分散与碳排放权交易规模性要求之间的矛盾。为了充分发挥碳排放交易对降低碳排放总量的引导作用，深圳碳排放权交易体系将制造业纳入碳排放权交易体系的管控范围，如何对制造业实施配额分配是深圳市碳配额分配机制设计的难点。深圳碳交易机制以博弈论作为不完全信息条件下设计碳配额分配机制的理论基础，立足于深圳碳交易体系的实际情况，应用有限理性重复博弈理论，对深圳制造业碳配额分配进行了机制设计和实验设计。该机制设计的核心是：制定一套强有力的博弈规则使企业个体理性和社会整体效用挂钩，建立一套高效的信号传递机制，使有限理性企业加速提高或趋近理性，使重复博弈的均衡结果能够同时实现社会效用和企业效用的最优化。当有限理性重复博弈达到均衡时，企业碳强度水平决定着企业未来的碳市场角色。碳强度高于基准线且碳强度保持不变的企业，获得的配额较少，将成为未来碳市场的买方；碳强度低于基准线的企业，获得的配额多于其实际排放量，将成为未来碳市场的卖方，有限理性重复博弈均衡一定程度上决定着未来碳市场的供求关系。因此，博弈均衡可以通过配额供求均衡影响或决定未来碳市场价格。

4）具有较为完善的市场调节机制

为了稳定碳市场价格水平，激励管控单位深度减排，深圳建立了包括配额固定价格出售机制和配额回购机制。这两种机制一方面强调以温和的市场方式调控

市场，避免价格波动对碳市场的强力冲击；另一方面对这两种机制设定了相应的调控限制，如调控的力度、频率和对象等，预防政府无限制干扰市场，扭曲市场信号。

5）重视碳市场创新

深圳碳交易机制在设计过程中，就为碳市场创新预留了空间和条件。《深圳经济特区碳排放管理若干规定》鼓励机构和个人参与碳交易活动，《深圳市碳排放权交易管理暂行办法》规定配额可以进行转让、质押以及其他合法方式取得收益等规定。2014 年深圳与建设银行联合开发碳保理、碳信托计划、碳项目融资资产证券化、碳金融衍生品交易等产品，帮助企业利用碳资产进行融资，同时为投资者提供多样化的投资渠道，为碳资产作为金融资产的功能和价值进行了有益探索。

## 2.4.2  上海碳交易市场运行特色

与其他试点省市相比，上海市碳交易体系的建立，在主体覆盖范围、总量控制目标、配额分配、MRV 能力建设等方面，充分结合了上海城市发展的实际和特点，做了一些针对性的设计和安排。

1）明确将非工业纳入碳交易体系覆盖范围

大部分试点省市交易覆盖范围仅限排放密集型的工业行业，北京方案和天津方案中分别纳入了公用建筑和民用建筑，但未明确公用、民用建筑领域的交易对象和方式。上海碳交易试点范围除包括 10 个排放密集型的工业行业外，还明确提出将航空客货运、港口、大型交通站点、商业、旅游宾馆和金融业 6 个非工业行业纳入交易范围。对覆盖范围的划分与上海城市发展的现状及未来转型需求紧密相关。

一是产业结构优化的需要。目前上海已进入后城市化、后工业化时期，也是探索推进"创新驱动、转型发展"的关键时期。"十一五"末，上海市一、二、三产占全市 GDP 的比例分别为 0.7%：42%（其中，工业 38%）：57.3%。根据中央对上海发展的定位，到 2020 年上海要基本建成国际经济、金融、贸易、航运中心之一的国际大都市。《上海市国民经济和社会发展第十二个五年规划纲要》提出，到 2015 年第三产业增加值占全市生产总值比重达到 65% 左右，金融市场直接融资额占国内融资总额比重达到30%，航运服务业收入年均增长率达到15%左右。

为此，将交通、商业、金融业等非工业行业纳入上海碳交易试点范围，充分考虑了城市产业结构调整和优化升级的现实需要，通过建立发展碳排放交易机制，利用市场化手段，在城市产业升级、发展转型的过程中，同步引导传统的工业行业和迅猛发展的非工行业积极探索观念、技术和制度创新，合理规划经济发展及资源使用，加强生态环境外部性的内部化，从而持续推进产业结构的进一步优化和社会生产、生活方式的转变。

二是实现"十二五"节能减排目标的需要。"十一五"期间，上海通过调整产业结构和优化工业结构，有序推进节能减排项目，工业部门能源活动所产生的$CO_2$排放量已逐渐趋于平稳，而交通运输业、商业、宾馆等领域的能源消费及碳排放总量上涨明显，目前，交通运输业排放仅次于工业排放，占上海全市能源消费产生的$CO_2$排放总量近20%，商业、宾馆等大型公共建筑在"十一五"期间的碳排放年均增长率高达11%。

"十二五"时期上海市单位GDP $CO_2$排放下降目标为19%，相比全国水平高出2个百分点。"四个中心"的发展定位将会导致交通、商业等领域能耗的持续上升，因此将这些非工业行业纳入碳交易体系，将在促进高耗能、高污染的传统工业行业深入推进节能减排的基础上，对以"建筑能耗"、"交通能耗"为主要耗能形式的非工业行业提出进一步强化节能减排的工作要求，有助于推动"十二五"减排目标的实现，在探索推进城市转型发展的同时，有效控制全社会能源消费和温室气体排放。

三是活跃碳交易市场的需求。从经济学的角度，完全自由的跨行业交易有利于通过促进资源优化配置，实现总体减排成本的最小化。上海试点方案将工业和非工业行业同时纳入的交易范围，可为交易主体提供更多的出售配额或购入配额的激励，从而促进交易的形成，增进交易市场活跃性，提高不同行业的参与度，并且可以降低排放源转移的可能性。当然，由于不同行业的减排成本存在差异，在碳交易试点推进的初期，政府及企业也较难把握市场预期，需要承担一定风险。

重工业的加快转型，以及先进制造业和现代服务业的飞速发展将对城市能源消费及污染排放的控制管理提出新的要求。将非工业行业纳入碳交易体系，比较适合在处于后工业化发展转型期的省市，以及节能减排任务较为艰巨的省市进行推广。从长远来看，跨行业的交易体系能实现全社会减排成本的最小化，减少碳泄漏，利于交易市场的有序运行，待碳交易市场机制逐渐成熟后，可逐步在全国范围内推广。

2）配额分配方案充分考虑本地实际及特点

除以上两点之外，在配额分配的设计上，上海碳交易试点初期，对电力、航空行业采取"基准式"分配的方法，对其他行业采取"祖父式"原则分配，采用"祖父式"分配方式的行业，在配额分配过程中会适度考虑企业的先期减排行动。"十一五"时期，上海市在重点领域、重点行业大力推进节能减排工作，部分行业在节能降耗方面取得了突破性进展，部分工业产品，如精品钢、整车、大型锻件等产品单耗已达国际先进水平，合理考虑这部分企业的先期减排行动，可以形成有效的激励机制。

3）明确的能源消费总量控制目标为碳排放总量控制及配额分配提供了良好基础

上海作为全国先行先试的省市之一，在"十二五"期间首次引入了全市能耗总量（包括煤耗总量）控制目标，并在主要领域、行业之间进行了目标分解，在这些目标的制定过程中，上海依托在全市范围内建立的能源消费及经济发展等统计、报告、核查系统，较为全面、准确地掌握了全市重点领域、重点行业的能耗历史、现状及未来发展趋势，为碳排放交易的总量控制目标设定，以及试点企业的配额分配都提供了较好的基础。

根据 EU-ETS 的实际运行经验，在交易体系建立之初，通常总量目标设置偏弱，需要随着交易体系的逐步完善掌握主要主体的真实排放水平，从而为下一步排放总量的调整提供支撑。为此，在交易体系建立之初，特别需要创造良好的政策环境，即综合发挥如可再生能源发展目标、能效提升目标等政策目标对碳交易体系所能发挥的协同促进作用。

上海在推进碳排放交易试点工作的初期，将有机结合其他相关工作的坚实基础，如可再生能源能源发展、能效提升、污染减排、碳汇能力提升等目标及规划，全面推进全市节能减排及温室气体控制等各项工作进一步走向深入。能耗总量目标和相关政策措施的协同作用同样可作为其他试点省市或未来全国层面碳交易总量控制目标制定时的参考因素和推进过程中的有力支撑。

4）碳交易 MRV 指南的颁布有效指导后续工作

上海是第一座印发温室气体排放核算与报告指南的试点城市，并根据行业间的差异和特色，除总则外，还分别编制了钢铁、电力、建材、有色、纺织造纸、航空、大型建筑（宾馆、商业和金融）和运输站点等 9 个相关行业的温室气体排放核算方法，根据不同行业的特点，明确规定了核算范围、方法、数据获取、监测计划及实施、报告，使得对不同行业的排放核算有章可循，试点企业可以据此摸查自己的碳排放水平，碳盘查机构则将依据指南开展碳盘查，从而保证了碳排数据的准确性、规范性和口径一致性。值得一提的是，上海在碳交易试点工作启动初期，通过政府采购招投标方式确定了专业机构开展初始碳盘查工作，并在初始碳盘查工作推进过程中，完善并有效检验了上海碳交易 MRV 指南的科学性和可行性。

科学、完善的 MRV 体系不仅是建立碳排放交易平台的基础，也是保证排放数据准确、实现排放交易透明、可信的重要保障。无论是在选择覆盖行业、确定控制目标，还是进行配额分配时，都需要有完善的数据作为支撑，企业的碳盘查工作是非常基础但又极为关键，直接影响到碳交易成败的一个环节。然而，大部分试点省市沿用了已有的能源数据基础，很难保证数据的相关、完整、一致、透明、精确性。从这一点上来讲，上海先行一步，出台了分行业的 MRV 指南，可供其他省市以及全国统一碳市场的 MRV 体系建设提供参考。同时为了未来建立全国统一碳市场的需要，建议确保试点省市的 MRV 指南的相容性，避免给未来的对接造成困难。

5）碳市场的流动特征检验出初始配额发放的合理性

（1）从交易量的变化特征来看，由于上海碳交易市场的参与者仅为管控企业，碳市场的成交量变动特征能最为直接的反应管控企业对碳排放配额的需求程度。上海碳交易量在两个时间段表现出了明显的上升趋势：一是企业在 2 月初拿到 2013 年的用电用气等结算单据，可以以此为依据估算 2013 年的排放量，从而进入市场交易的企业越来越多，这同时也说明了上海企业在碳排放管理方面的意识比较先进，能及时了解自身配额的盈亏状况。二是核查结束履约期来临之前，上海碳交易规模维持在一个较高的水平。上海碳交易量的波动特征在一定程度上体现了企业刚需交易明显。

（2）从交易规模和市场参与主体来看，上海的配额发放规模要低于广东和湖北、与天津相当。从市场参与主体来看，目前上海市仅允许管控企业的参与，而深圳、广东、天津、湖北均允许机构投资者和个人参与，北京市场也将机构投资者纳入其中。但是从目前累计成交量来看，上海成交量仅次于湖北，与深圳相当。纳入主体的宽度对碳市场流动性的影响在深圳、天津和广东等其他交易试点中有明显的体现。2013 年深圳市场上有一半成交是由于机构或个人投资者的参与；在天津碳交易开市后的两个月，机构或个人投资者对碳交易市场的贡献占到了 70% 左右；而广东在启动二级市场后，也是由于机构投资者的进入开市陆续有交易产生。上海碳交易市场配额规模中等、交易主体单一但成交量较高的状况进一步印证了上海配额发放相对偏紧的特点。

（3）通过拍卖促进企业履约。为避免交易市场上出现配额不足的情况，上海市发改委在 2014 年 6 月 30 日有偿发放 58 万 t 2013 年配额，以增加配额的供给量。按规定，有竞买资格的企业为 13 日交割后仍存在配额缺口的企业，购买量不得超过缺口数量，且所得配额只能用于清缴。上海开展此次碳配额拍卖一方面是为保障企业能够顺利履约，与 6 月 6 日深圳举行配额拍卖的目的一致；另一方面，在底价设置上，上海思路则和深圳相反，深圳设置的拍卖底价仅为市场交易价格的一半，而上海则规定拍卖底价为 6 月 30 日前 30 个交易日市场加权平均价的 1.2 倍，且不能低于 46 元。这一设置能够鼓励企业尽量通过配额市场交易履约。实际竞价结果也体现了这一设计初衷，绝大部分企业在拍卖前已经通过配额市场交易履约，只有两家符合竞买人资格的纳入配额管理单位参与了竞价。

6）碳市场的交易情况体现了企业对碳市场的逐步适应

（1）企业在碳交易市场运行之初倾向于持观望态度。从上海碳交易市场的运行情况来看，除首日成交量达到 12 000t，在接下来的两个月，成交量都不太理想，由于碳价格较低，表现为需求旺盛，市场上呈现买家多、卖家少的特点。而不仅是上海，其他试点省市，如深圳、广东在碳交易市场启动后，都陷入了较长时间没有交易产生的困境。对于碳排放交易这一新生事物，管控企业没有参与经验，在不能准确判断自己排放量、对碳市场充满疑问、对未来存在不确定性的前提下可能会导致企业更倾向于持观望态度，惜售配额，用来对冲未来可能的风险，即使是配额较为宽松的企业也有可能会存储到下一个履约期。

（2）协议转让在临近履约期助力企业履约。2014 年 6 月 11 日，上海碳市场出现首笔协议转让，单笔成交2013年配额29.3449万t，为此前7个市场出现的最大单笔协议转让交易，紧接着在6月19日，又以35元/t的价格协议转让了11.1万t。其他试点地区也不断出现了大笔协议转让，北京市场于6月5日、6日连续两日出现大额协议转让交易，分别成交8.8万t、10.3891万t，6月25日，北京碳市场又完成了2笔协议转让，其中一笔转让量达40.63万t，刷新了此前上海创造的最大单笔协议转让记录。6月6日起，广东也开始连续出现大额协议转让。在市场环境和制度机制尚不完善的时候，对于一些量大的碳交易，可能会对市场价格造成大的影响，通过协议转让可以有助于提高成交速度和效率，降低交易成本。

7）细致完善且可操作性强的技术指南有效指导核查工作顺利开展

在温室气体核算方法学上，上海是最早发布也是规定最为细致的一家试点，除《上海市温室气体排放核算与报告指南（试行）》总则外，分别编制了钢铁、电力、建材、有色、纺织造纸、航空、大型建筑（宾馆、商业和金融）和运输站点等9个相关行业的温室气体排放核算方法。核算方法学在借鉴国际先进经验的基础上，充分结合本市的特点，以简洁、精练、通俗的表达明确了不同行业的核算范围，不同排放类型、工艺或产品的核算方法，数据和参数获取要求等，具有很强的可操作性，使得对不同行业的排放核算有章可循。试点企业可以据此摸查自己的碳排放水平，碳盘查机构则将依据指南开展碳盘查，从而保证了碳排数据的准确性、规范性和口径一致性，大大提高了核查工作的开展效率。

此外，为保障核查工作的顺利开展，上海市发改委陆续发布了《上海市碳排放核查第三方机构管理暂行办法》和《上海市碳排放核查工作规则（试行）》，对核查工作的总体要求、核查的工作程序、现场核查的操作细则以及核查报告的编制要求都提出了明确的要求，以确保核查工作的规范性和有序性。在核查工作开展过程中，上海市发改委定期组织了碳排放核查员资质认证及培训，以及核查工作中期交流会、核查案例解析交流会等，切实保障了核查工作的整体质量。核查工作结束后及时组织开展了后评估工作，对方法学的改进和工作规程的完善提出了更高要求。

8）配额发放的合理性、核查工作的有序开展以及企业的履约意识助推履约的顺利完成

6月30日，上海市191家试点企业全部在法定时限内完成了2013年度碳排放

配额清缴工作，履约率达到100%，成为国内第一个顺利完成碳交易履约工作的试点。而此前，原定于5月31日完成履约的天津先是将履约期推迟到7月10日，随后又再一次推迟到7月25日；原定于6月20日完成履约的广东将履约期推迟到7月15日；北京在规定的履约日期6月15日仍有超过半数的企业未履约，北京市发改委责令相关企业在10个工作日（6月27日）完成履约，随后又对27日未能履约的部分企业给予一定的宽限；履约期同为6月30日的深圳，有99%的企业完成履约，仍有5家企业违约。上海市履约工作的顺利完成与其完善的制度体系、配额发放的合理性、核查工作的有序开展以及企业的履约意识息息相关，可为正在开展履约工作的其他试点或者未来碳交易市场的建立提高一个良好的借鉴和示范作用。

上海在推进碳排放交易试点工作过程中，形成了一套较为完善的制度体系，并注重严格按照各项制度的要求推进每个阶段的工作，同时注重做好企业的沟通服务工作，得到了试点企业的认可和支持，管控企业按时在2014年3月31日之前提交碳排放报告，而核查机构也按要求于4月30日之前完成了对企业2013年碳排放报告的核查。市发改委如期在5月30日之前顺利完成了新增项目配额发放、采用基准线法分配的试点企业预配额调整，以及2013年碳排放量的审定工作，使得碳排放交易试点顺利进入第一个履约期。

上海大部分管控企业的履约意识较高，虽然从惩罚力度来看，上海在几大试点地区中相对较轻，但是企业的履约工作仍能得以顺利推进。相比较而言，部分试点地区目前的碳交易管控范围纳入了部分民营中小制造类企业，对于碳交易这个新事物的认识还远远不够，履约的积极性相对较低。

配额发放的不合理也是阻碍某些试点省市不能顺利完成履约的重要因素。以深圳为例，为保证企业履约，在深圳举行的配额拍卖中有缺口的管控企业不去参与竞拍，部分原因在于有些企业由于分组偏差，政府给定的碳强度存在不合理性，企业仍持观望态度。

## 2.4.3 北京碳交易市场运行特色

1）建立自上而下完善的组织支撑体系

试点建设启动以来，北京市成立了以市长任组长的市应对气候变化领导小组，组建了由国内知名专家组成的市应对气候变化专家委员会，组建了试点交易企业、中介咨询及核查机构、绿色金融机构三大联盟，成立了应对气候变化处、市应对气候变化研究中心、市应对气候变化人才培养基地，实现了试点建设在顶层设计、技术支撑、工作实施、人才培养等方面均有组织体系支撑。

2）市场参与主体类型多样、市场开放度大

北京市纳入碳排放权交易体系的行业覆盖范围广、类型多，不仅覆盖了电力、热力、水泥、石化、其他工业、服务业（包括批发和零售业、公共管理、社会保障和社会组织）等6大行业，几乎囊括了除移动源以外的所有行业，还包括高校、医院、政府机关等公共机构。中央在京单位、外资企业或合资企业也占有较大的比重。

北京市碳市场不仅对本市的重点排放单位和一般排放单位开放，也对金融投资机构开放，开市以来，已经有10多家投资机构参与了北京碳市场的交易。

3）试点建设实现"五个率先"

北京市率先实行了第三方核查机构和核查员的双备案制度，对碳排放报告实行第三方核查、专家评审、核查机构第四方交叉抽查，切实保障碳排放数据质量，为配额核发和履约提供可靠的数据支撑；率先对新增固定资产投资项目实行碳排放的评价工作，从源头减少碳排放；率先出台了碳排放权抵消管理办法，允许重点排放单位可使用的经审定的碳减排量来抵消一定比例的碳排放量，进一步丰富了交易产品，拓宽了重点排放单位的履约渠道，利用市场手段推动节能改造和植树造林等生态建设等；率先出台公开市场操作管理办法，明确了可通过回购、拍卖等方式调节市场，促进碳交易市场的有序运行；率先探索开展碳排放管理体系建设，支持重点排放单位开展碳排放管理体系建设，通过加强精细化管理控制碳排放。

4）依法开展碳交易执法，保障试点建设工作顺利开展

依据《关于北京市在严格控制碳排放总量前提下开展碳排放权交易试点工作的决定》，制定发布了《关于规范碳排放权交易行政处罚自由裁量权的规定》，并依法开展了执法工作，对未按规定履约的12家单位进行了执法处罚，切实保障了试点建设各项工作的顺利推进。

5）发布碳排放强度先进值

充分结合全市产业结构调整、能源结构调整的实际，制定发布了23个行业41

个细分行业的碳排放强度先进值，对北京市不鼓励发展的产业采取从严从紧的原则，提高排放成本，利用市场手段倒逼落后产业的转移和退出，也为疏解首都非核心功能、推动产业结构升级提供一种市场化手段。

## 2.4.4　广东碳交易市场运行特色

广东是中国碳交易机制试点地区，覆盖的碳排放量居全国之首，在机制设计、市场规模、工作组织方式上体现出省份城市独有的特点；为加强碳交易机制的可操作性，广东碳交易机制设计小组创新性地提出了诸如"配额控制与预留""省管配额，地市管排放""通过配额有偿发放推动市场机制运转"等适合中国国情的配额管理与交易方式。

1）广东碳交易机制规模巨大，创新碳基金使用方式

2014年国家碳排放权交易机制试点全部启动，北京、上海、广东、深圳、湖北、天津、重庆7个省市碳排放量规模近8亿t，覆盖企业约2200家，广东2013年碳排放权配额量为3.88亿t，2014年配额4.08亿t，配额总量规模居全国第一，为试点地区配额总量的50%左右，是深圳的10倍多、北京的6倍多、上海的2倍多。作为中国最大的碳交易市场，广东吸引了境内外投资者的关注，2014年以来，非控排企业与机构、个人投资者相继允许入户广东碳市场，在碳金融产品创新、碳基金、碳普惠等方面具有较大的创新空间。广东正在研究和设计包括碳在线融资、碳期权、碳配额/CCER远期合约和碳债券等创新性金融产品，如将有偿配额发放所得的部分收入设立为母基金，引进社会资本成为子基金，母基金和包含社会资本的子基金将按比例投入到项目中去，用于推动控排企业交易履约、支持企业节能减碳项目建设、推进碳金融和低碳产业发展。

2）碳强度减排目标下的总量控制与分类管理机制，创新了配额总量管理模式

碳交易机制实质上是"总量控制–交易"机制，只有对碳排放实行了总量管理，才有可能产生配额稀缺由此发生交易。中国目前实行的是碳排放强度下降目标管理制度，考虑到机制相融性。广东在全省碳排放强度下降目标管理下，遵循"控制新增排放、减少存量排放、保持经济活力、促进结构调整、体现广东省情"的基本原则，结合广东经济增长、能源消费增长和产业结构调整的发展特点，采

取"自上而下"和"自下而上"的方法对四个行业的碳排放总量上限进行测算、分析和评估。将全省碳强度下降目标转换为碳排放总量控制上限，并分解到四个控排行业，形成年度配额总量。为降低未来经济波动对配额总量的影响，广东碳交易机制采取了"控制与预留"方式进行配额总量管理，即在对控排企业的碳排放量进行约束的同时，预留一定比例的配额由政府掌控，以平抑市场波动，消纳外部经济影响对碳交易机制带来的冲击。

在碳排放总量管理方式上，对既有企业和新上项目分类管理，提出"优化存量，绿化增量"的管理方式，即，对既有的存量企业实行碳排放总量控制约束，要求碳排放量逐年下降；对新增项目的碳排放水平进行严格要求，以最高标准核发项目的碳排放配额。既有企业和新上项目的碳排放都被纳入全省碳排放空间预算管理，紧密对接全省的能源总量和碳排放总量目标，宏观上既为社会发展预留合理空间，也充分发挥碳交易机制对低碳产业发展的引导促进作用，微观上使得配额和管理分配方案合理、有力且具有可操作性。这种将碳强度减排目标转换为总量约束上限，并实行分类管理方法，创新了中国碳交易机制的总量管理模式。

3）创新工作组织方式，省市共建碳交易机制

广东作为碳交易机制试点的省级地区，涉及的利益主体众多，具有管理多层级的特点。根据省级单位多层级管理的现实，为充分发挥地市政府部门参与碳交易机制建设的积极性和熟悉企业的优势，广东碳交易机制创新性地使用了"省市共建碳交易"模式，即"省管配额，地市管排放"模式。在这种管理模式下，省发改委应对气候变化处主要负责碳交易机制的设计、建设、运行和管理规则等工作，如确定管理对象、配额总量、配额分配、企业开户、配额登记与发放、配额注销等；地方发改部门主要负责对企业的碳排放报告与核查情况进行监管，一方面可以使企业碳排放报告的信度得到进一步提升，另一方面也使地方政府通过碳交易管理提高低碳管理能力，参与到低碳建设和碳交易活动中。省市共建的联合管理模式，对国家统一碳市场建立和其他省级碳市场的建设与管理提供了模板和参考，具有示范意义。

4）实施供需两端约束的碳配额管理机制，解决中国电力行业的碳排放管理问题

鉴于中国电价难以体现企业真实发电成本和减排成本的特殊国情，广东省创

造性地采用了对电力供需双方实行两端联合控制碳排放的管理措施，将电力企业的发电排放和工业企业的用电排放都纳入碳排放管理。虽然这种方法存在对电力排放的重复计算问题，但对地区实际碳排放总量没有影响，这种管理方式可以促进发电企业采取减排措施、用电企业节约用电，从而降低电力排放。如何对电力行业进行有效的碳排放管理是中国碳交易机制建设必须解决的难题之一，广东模式对全国碳交易机制具有重要的示范意义和参考价值。

5）率先试点配额有偿拍卖，同步建立两级市场

为了充分发挥碳交易这一市场机制对企业碳排放的约束和引导作用，增加碳市场流动性和风险的调控，广东省碳交易机制设计初期就高度重视市场建设工作，同时启动一级市场（有偿配额竞价发放）和二级市场（配额交易）成功跨越以全部免费发放初始配额启动碳市场的国内外现行做法。两级碳市场的同时运行在提高企业碳管理意识，解决由于企业碳排放信息不对称导致的分配公平问题，消纳（减缓）社会经济形势变化对碳市场影响，与国际碳市场的对接等方面预置了可调控、可延伸空间。另外，两级碳市场的建立对政府调控碳市场流动性和稳定性，培育碳交易金融衍生品等方面将会发挥积极的作用。

## 2.4.5　湖北碳交易市场运行特色

1）纳入碳交易试点的首批企业的能耗门槛值相对较大

湖北省从经济总量、经济增速和产业结构来看，都处于发展中阶段，由于经济尚处于快速增长的阶段，碳排放总量将依然保持增长势头。同时，湖北省产业结构仍然以工业为主，重化工业特征明显，钢铁、化工、水泥、汽车制造、电力、有色等行业占重要地位。据测算，2010 年全省 $CO_2$ 排放总量达 35 479.44 万 t，其中，"十一五"期间每年工业部门的排放量都占到将近六成，因此湖北省试点阶段将纳入企业主要锁定在工业企业中的能耗大户。通过测算和比较不同纳入门槛值的企业数、碳排放量占比和行业减排成本，最终确定将 2010 年和 2011 年任何一年中年综合能耗在 6 万 tce 及以上的共 153 家工业企业纳入碳交易试点，覆盖的行业范围包括建材、化工、电力、冶金、食品饮料、石油、汽车及其他设备制造、化纤、医药、造纸等。尽管湖北省设定的门槛较高，纳入企业数量适中，但这些企

业的总碳排放量占全省排放量的35%，基本达到了国际上主要碳交易体系的覆盖范围水平。

2）配额分配采用总量刚性与结构柔性相结合的方式

碳交易市场的总量设定和总量结构充分考虑湖北省的经济发展阶段和产业结构特征，总量设定分三步进行：第一步是建立经济模型，预测湖北省到2020年的全社会碳排放总量；第二步是根据预测的全社会碳排放总量和碳市场的覆盖范围，确定试点期间湖北省碳市场的配额总量；第三是充分考虑湖北省经济增长对新增投资的需求。配额总量具有刚性特征不能更改，尤其是对既有排放设施严格控制，其排放水平固化在2010年排放水平的97%上。

配额总量结构包括既有配额、新增预留、政府预留三大部分，分别具有不同的比重和功能，并进行动态化管理，充分发挥配额结构管理的灵活性。包括以下几个方面。

（1）既有配额分配给纳入企业已有的项目和设备，采用"祖父法"进行免费分配，分配标准主要参照2009～2011年的历史排放量平均值，这部分配额的数量经确定后在试点期间保持不变。

（2）政府预留配额为政府管理、调控碳交易市场所用，数量为配额总量的固定比例，当交易价格出现异常波动时省级发展改革部门便可启用这部配额进行适当调控。

（3）新增预留配额用于符合纳入标准的新增企业或纳入碳交易试点企业的新增产能，数量为配额总量扣除既有配额和政府预留后的配额量，因此这部分配额不论在数量上还是在占比上均逐年增加，以保证湖北省的经济增长空间。对于新增企业或纳入碳交易试点企业的新增产能，免费配额应由省级发展改革部门根据其所申报的材料核定。为保证配额的稀缺性，每年新增预留配额中剩余的部分自动转入政府预留。这种配额总量结构的柔性化管理，既能保证纳入企业已有项目和设备所获免费配额数量的稳定性，又可以满足新增产能对配额的需用，同时可以避免配额总量的过度。

3）配额注销制度鼓励企业参与交易

按照《湖北省碳排放权管理和交易暂行办法》，每年6月最后一个工作日，主管部门在注册登记系统将企业缴还的配额、CCER和未经交易的剩余配额予以注销。这一制度的设计一方面是为了留出空间对配额发放可能存在的问题进行调整，从而避免市场上出现配额过剩的情况，另一方面是为了鼓励企业能积极参与到交易市场中，活跃碳市场。与此同时，由于未经交易的剩余配额需要被注销，可能会削弱有条件的企业进一步减排的动力。

4）通过建立一级拍卖市场发现价格

为更好地进行价格发现，湖北市场设立了一级市场拍卖机制。在湖北正式启动碳排放交易二级市场之前，完成了首次碳排放权配额一级市场的竞价转让，转让数量 200 万 t 的配额全部售完，成交价为 20 元/t。与广东不同的是，湖北拍卖不仅限于纳入企业，对投资机构同样开放，而且拍卖标的来源为政府预留配额而不是企业分配配额。

从竞价方式来看，采取了分时段撮合的方式，以 5 分钟为一个时间单位。在 5 分钟报价期结束后，系统会将时段内投标依次按照价格、数量、时间的原则配对成交，然后进行下一轮报价，直至配额全部卖完。这种竞价方式将传统拍卖过程加以分解，能够激励竞买者把大数额买单分解成小单、按照实际情况多次投标，同时调整预期，有助于竞价过程中的价格发现。

5）建立配额编码制度实现对配额的跟踪管理

欧盟曾发生配额在多个交易系统登记簿中几次买卖后无法追踪，被重复买卖的案例。湖北充分吸取这一教训，设计了复杂的配额编码制度，给每吨碳编制了由配额类型、初始发放代码、配额序列号、配额发放时间、截止时间组成的 35 位代码，实现对每一吨配额的追踪管理。一方面可以防止配额被盗或重复买卖的现象，另一方面也有利于相关部门对配额的流动情况进行分析，指导政策调控。

6）多主体纳入有效提高了碳市场的流动性和活跃度

无论是一级市场还是二级市场，湖北从一开始便允许管控单位、自愿参与碳排放权交易活动的法人机构、其他组织和个人进入市场进行交易，因此开市碳交易市场就表现出了较高的流动性和活跃度。第一，未交易配额的注销机制大大激发了企业参与到碳交易市场中；第二，个人投资者表现活跃，在允许个人投资者参与的碳交易市场中，湖北的准入门槛和入市成本是最低的，交易费用也相对较低，吸引了大量个人投资者开户交易；第三，碳金融产品陆续推出，大大提高了投资机构参与交易市场的积极性。

7）探索创新多项碳金融产品盘活企业碳资产

经过一年的发展，湖北积极争取有利的碳金融政策环境，探索创新各类碳金融产品以盘活企业碳资产，包括在全国首创碳资产托管和碳质押贷款等业务，并成立了首支碳基金。

碳资产托管方面，经交易中心认证的托管机构接收企业托管的碳资产，通过专业化的碳资产管理运营，为企业提供盘活存量碳资产。对企业来说，能够获得固定收益，又无需承担参与市场交易的风险，对托管机构来说，通过市场操作和保证金的杠杆获得收益。碳质押贷款方面，湖北先后诞生了三笔碳排放权质押贷款项目。这一举措大大盘活了企业碳资产，并降低了资金占用压力，为企业新增一种融资方式。碳基金方面，湖北碳市发布规模为 3000 万元的碳市场基金，该基金主要用于投资湖北碳市场，通过买卖交易所的配额盈利。

8）CCER 抵消完全本地化激励湖北积极探索基于碳市场的农林生态补偿机制

在 CCER 抵消方面，湖北是唯一一个要求完全使用产生于本地行政区域内减排量的试点，希望通过这一设置鼓励本地清洁项目的发展。依托 CCER 抵消机制的设立，湖北实施了神农架林区和通山县的林业碳汇项目试点，统筹规划了全省近 200 万亩林业碳汇项目的开发，对生态补偿机制的建立和环境保护起到了积极的作用。

# 2.5  存在的问题

2016 年将成为全国碳市场的开元之年，2015 年是全国碳市场准备的关键之年，碳市场建设挑战犹存。为推动建立全国碳交易市场，2014 年 12 月 10 日，国家发改委发布了《碳排放权交易管理暂行办法》（国家发展和改革委员会第 17 号令），并于 2015 年 1 月 10 日正式实施。《全国碳排放权管理办法》的颁布和实施进一步明确了全国碳市场建立的主要思路和管理体系，拟在湖北、北京、天津等 7 个碳交易试点的基础上，逐步建立全国统一碳市场，它标志着国家统一碳市场建设迈出了实质性的一步，为后续工作的开展提供了重要的支撑。

加快建立全国统一的碳排放权交易市场，对推动我国绿色低碳发展意义重大，主要体现在四个方面。首先，碳交易市场的建立提高了社会控制碳排放的意识。

对于企业而言，感受到碳有价，形成了碳是资产、资本、资金的意识，增强了企业的社会责任感；对于民众而言，可以通过自身低碳行为实现价值，也可以进行投资等参与方式促进市场的发展，进一步增强民众的参与意识。其次，碳交易市场的建立实现了在法规以及重大制度方面的探索。碳排放管理决定或办法，总量控制及配额分配制度，企业的核算、报告、核查、交易等配套制度，通过试点省市的探索，正在逐步建立和完善。再次，体现在企业温室气体排放核算和报告数据管理方面的探索。7 个试点地区研究提出了重点行业企业温室气体核算方法、报告指南以及第三方核查的管理办法，初步建立了地区报送平台，使碳排放权的交易建立在可靠的、权威的数据基础之上。最后，7 个试点地区排放权交易平台和登记注册系统的建设，为全国建立统一的碳排放权交易市场和国家登记注册系统奠定了基础。碳排放权交易试点作为对市场机制的探索，做出了很好的实践。

中国碳市场建设尚处于起步阶段，目前建立全国性统一碳市场的条件尚不够完善。尽管 7 个碳交易试点体系建设的整体思路基本一致，但由于各地政治条件、经济条件、发展阶段、产业结构的不同，7 个试点在总体设计、覆盖范围、配额总量、配额分配、抵消机制、履约机制、MRV 等政策要素的细节方面，各有特色。因此这也决定了各试点向全国碳市场过渡的路线将不尽相同，目前存在的主要问题表现在以下 7 个方面。

## 2.5.1　配额总量

碳市场总量是指碳市场排放配额（许可）的总量，它是碳市场制度的基本要素。碳市场总量的设定确保了碳排放权的"稀缺性"，是碳交易的理论基础和实践前提。碳市场总量的大小将直接影响配额分配的合理性和配额的市场价格，如果碳市场总量设定较宽松，可能会导致碳市场配额分配过多，从而使配额价格过低。因此，设定合理的碳市场总量和覆盖范围对顺利建设碳市场和按照市场规律开展碳交易至关重要。中国 7 省市试点碳市场在配额总量方面均已做了大量的积极探索，主要经验教训如下：

1）试点地区碳市场总量不确定性较高

"自上而下"法在确定总量时要基于试点地区 GDP 增速，后者具有不确定性，并且碳市场纳入行业的 GDP 增速与试点地区 GDP 增速也并非一致，这就导致了由"自上而下"法确定的碳市场总量具有一定不确定性。"自下而上"法是基于企业历史排放并结合企业的减排潜力测算出的企业排放量。对于经济发展快、GDP 增速较高的地区，企业产能逐年快速增加，新增企业多、刚性排放增量大，因此，通过历史排放测算企业的排放量也具有相当的不确定性。另外，由于缺乏相关数据和理论支撑，"模型法"确定的总量往往与采用"自上而下"法和"自下而上"法确定的总量不一致。因此，采用上述三个"总量"为基础确定的碳市场总量的不确定性必然较高。

2）部分试点碳市场存在"总量宽松"的风险

由于经济发展阶段不同，对控制排放的要求也不同，加之碳市场总量设定方法学不完善，部分试点地区碳市场可能存在"总量宽松"的风险。例如，重庆碳市场总量是各纳入企业 2008~2012 年期间的最高年度排放量的加总。虽然这一政策设计为当地企业后续发展提供了足够的排放空间，也提高了当地企业参与碳交易的积极性，但总体看来，以最高年度排放量为基准设定的重庆碳市场总量可能过于宽松，甚至出现部分企业无需采用减排措施就能完成温室气体排放控制目标的情况。又如，湖北碳市场 2014 年总量中包含政府预留的排放配额约 2590 万 $tCO_2$，占总配额的 8%；在湖北碳市场启动之前（2014 年 3 月 31 日），湖北碳市场以 20 元/ $tCO_2$ 的低价（湖北碳市场启动配额价格 21 元/$tCO_2$，截至目前配额平均价格约 23 元/ $tCO_2$。）拍卖了 200 万 t 排放配额，拍卖配额量大、价格低于平均市场价，人为造成了湖北碳市场可能出现总量"宽松"、配额价格较低的现象。另外，已经完成履约的几个碳交易市场均未出现配额惜售现象，在目前市场活跃度不高、流通率较低的情况下，也从侧面反映出各碳市场配额总量可能较宽松，多数企业配额相对充足。

3）部分试点省市碳市场覆盖的行业过多

各试点省市纳入碳市场的行业企业有所不同。例如，有的试点地区仅纳入钢铁、电力、热力、冶金、水泥、化工等高排放、高能耗行业的大型企业，而有的还纳入了服务行业、大型公建和事业单位（如高校、政府部门和事业单位机构等），涉及行业约 20~30 个。尽管国家鼓励试点地区通过碳市场探索不同行业低成本减排的有效途径，但由于碳市场在中国毕竟是新生事物，如果现阶段碳市场覆盖行业过多，不可避免地就会增加排放配额分配、MRV 和企业履约工作的难度和成本，也可能会对地方经济发展造成一定负面影响。

## 2.5.2 配额分配

碳排放权初始分配不合理。碳排放权分配体系是碳排放权交易的前提，是一个事关碳排放权交易市场发展大局的重大决策问题，碳排放权分配体系是否有效处理好效率与公平的关系，关系到碳排放权交易市场的运行绩效。中国各个试点省市在构建碳排放权交易市场初期，多以历史法为基础进行配额分配，在此基础上，各试点地区进行了不同的尝试和探索，主要经验教训如下：

1）历史法为主的分配方法导致配额分配与实际情况差距较大

按照控排单位的历史排放水平核定碳配额的历史法在具体实行中遇到了很多问题，导致配额分配与实际情况差距较大，这主要是因为行业景气程度发生结构性变化、早期减排行动未被考虑其中、企业检修、事故意外等突发情况未被考虑。

历史法没有考虑行业景气周期的结构性变化。以北京为例，在基准年前后，钢铁和水泥行业较为萧条，停产停工现象较为突出，而电力行业恰恰相反，处于满负荷运行阶段。因此导致钢铁和水泥行业配额分配较紧，电力行业分配较松。当前，钢铁与水泥行业处于利润较低甚至亏损阶段，无法承担较高的履约成本。排放密集型行业的经营状况发生了很大的逆转，导致企业碳成本承受能力发生变化，使得部分企业面临较大的困难。

历史法的配额分配方案未考虑企业早期贡献。许多国企和外企早期开展了节能改造工作，进一步减排的空间相对较小，成本较高。有的企业没有考虑到产能的增加，因此获得较少的配额。同时，一些环保类项目能耗较高，导致当前排放增加，与碳减排政策产生了一定的冲突，也制造了一定的不公平性。

历史法不能兼企业检修或者意外事故等突发状况。某些生产型企业每 2 ~ 3 年进行一次大规模检修，检修时间为 1 ~ 3 个月不等。而如果采用历史法计算平均值时，若未将其剔除，使得配额分配过少。此外涉及能源安全的行业，如石化等，会面临政府安排的计划外生产任务，使得企业面临额外的排放成本。

2）强制性的有偿拍卖制度违背了市场交易的自愿原则

广东为全国试点中首个探索使用有偿拍卖的省份，这一做法值得肯定和保留。然而，广东强制性要求每家控排企业首先购买3%的有偿配额之后才能获得97%免费配额的做法与市场体系自愿原则有所违背。部分企业难免反对、抵触，其理由主要是97%的免费配额本来就是企业的，其发放不应有前置条件，是否参与有偿购买、什么时候参与购买，应由企业根据自身碳减排的需求自愿决定。企业通过节能技术进步，积极减少碳排放总量，原本就是有偿配额发放一种引导性的初衷，强制购买显然违背了这一初衷。同时，每家企业都购买3%，模糊了企业实际在控制碳排放上的所作努力和配额需求，直接影响了二级市场的活跃和碳价格的合理形成。另外，这也影响了企业现金流、降低资金效用率，尤其是对一些盈利状况不景气的行业。

## 2.5.3　MRV

MRV体系的建设，不仅对碳市场有着至关重要的支撑与推动作用，同时推动更广泛的气候政策的数据统计系统，为政策决策提供给必要的支撑。2011年底碳排放权交易试点工作启动以来，各地围绕碳交易试点开展了广泛而细致的工作，包括制定地方法律法规，确定总量控制目标和覆盖范围，制定温室气体测量、报告和核查规则，分配排放配额，建立交易系统和规则，制定项目减排抵消规则，建立注册登记系统，设立专门管理机构，建立市场监管体系，以及人员培训和能力建设等，主要经验教训如下：

1）简化的碳排放核算方法降低了数据的准确性

以重庆为例，其在MRV方面，对温室气体排放的核算方法进行了简化。一方面降低了成本，企业更容易接受，削弱了管控企业的抵触情绪；另一方面简化的操作指南降低了数据的准确性，不利于碳交易体系的有效运行。

2）企业配合不到位导致碳排放数据的精度较低

广东通过对控排企业的调研，发现多数企业尚未建立碳排放数据监测管理体系，未明确碳排放计量管理职责。企业在碳排放数据监测方面的水平参差不齐，部分企业在能源计量、统计工作不落实，监测数据的记录与归档工作不到位。多数企业缺乏专门的节能管理和碳管理人才，对碳交易和碳排放工作了解程度不够。

3）管控单位能力建设不足

碳市场建设初期，各方能力建设都十分迫切，管控单位是碳市场的主体，因此管控单位的能力建设显得最为紧迫。深圳碳市场启动前后投入了大量资源开展管控单位的能力建设活动，但是在配额分配、履约、交易过程中仍然暴露出许多管控单位参与能力的不足，特别是部分管控单位的高层管理人员对碳交易重视程度不够、专业知识欠缺、无法做出正确的风险评估及机遇预测，导致管控单位碳资产管理体系和交易决策体系无法建立和运行，极大地影响了管控单位的碳交易活动。广东也存在类似问题，在第三方核查机构和核查人员管理方面，广东虽制定了准入标准，并进行严格监管，但在核查人员的资历方面没有提出具体要求，核查人员存在水平参差不齐的情况，核查人员管理水平不高。

## 2.5.4 CCER

CCER 是优良的碳资产，是碳交易市场的重要标的物，将在形成全国统一碳市场中起到重要作用。但是总体看来，全国碳市场包括 CCER 交易市场建设尚处于萌芽阶段，CCER 交易在全国碳市场建设中面临如下挑战：

1）如何确定 CCER 参与全国碳市场的准入条件

全国碳市场是通过配额总量控制和交易实现温室气体减排目标，CCER 交易是配额交易的补充，因此，必须设置 CCER 参与全国碳市场的准入条件，包括 CCER 数量、来源地域、项目领域、时间和类型等。如果过量的 CCER 进入全国碳市场将对配额交易及其价格造成冲击，减弱企业履约的强制性，削弱碳市场的减排成效，同时也将降低 CCER 的价格，影响到项目开发方的投资回报。如果 CCER 供应量过少，可能会增加控排企业的履约成本，也不利于活跃碳市场和盘活碳资产。另外，如果对 CCER 来源地域、项目领域、时间和类型等设置限制条件，虽然可能有助于削弱地区减排成本差异、调控 VER 项目结构，但是也可能导致 CCER 分化和流动性受限。目前还没有形成确定该准入条件的政策和方法学支撑体系，试点碳市场经验也不足以作为设定准入条件的依据。

2) 如何使CCER与配额同质化

2014年11月4日，天津天丰钢铁有限公司与中碳未来（北京）资产管理有限公司通过天津排放权交易所完成了6万t $CO_2$e天津碳市场首笔CCER交易，成交价格约8元/t $CO_2$e；之前CCER的合同价格约为16元/t $CO_2$e。同期天津碳市场配额价格约为27元/t $CO_2$，而试点碳市场配额最高价格为51元/t $CO_2$e（北京碳市场），最低价格为25元/t $CO_2$e（湖北碳市场）。根据各试点碳市场"碳排放权交易管理办法"，配额和CCER应该是同质等价的，但从实际价格表现看，即使是在同一个碳市场内，两者价格差异仍较大。出现这一现象的本质原因是CCER和配额没有基于市场规律的价格发现机制，目前CCER定价主要靠协商议价。如果全国碳市场不能实现配额和CCER同质等价，不但会直接影响碳市场交易活跃度，更重要的是影响碳市场的减排成效。

3) 如何避免CCER过量开发的风险

截止到2015年1月19日，中国自愿减排交易信息平台已经公示VER项目511个，累计90个项目获得了备案，减排量备案的项目也达到了26个，CCER签发量达到1372万t$CO_2$e。研究表明，7个试点地区碳市场2015年履约期CCER理论最大需求量将达到1.1亿t $CO_2$e，其中试点内CCER的最大理论需求为6239万t $CO_2$e。从以上数据看，CCER应该供不应求，但是目前CCER交易仍以现货为主，并且由于受配额分配情况、配额交易情况、CCER准入条件和市场价格情况等影响，试点碳市场对CCER的需求量可能远远没有预计的那么多。另外，CCER备案工作将常态化，CCER数量可能会持续增长。因此，存在CCER供大于求的风险，对CCER价格的潜在冲击也不容忽视，必须对CCER的签发量进行宏观调控。

4) 如何避免CCER分化的风险

由于中国未对VER项目领域做出特别规定，目前VER项目领域分布不平衡，新能源和可再生能源项目最多约为70%，造林和再造林领域项目最少为2%左右；加之进入试点碳市场准入条件的限制，可能会导致CCER交易和融资机会不均等；通常技术难度低、减排量容易获得签发、符合碳市场准入条件的项目可能会受到买方青睐。因此，可能导致对项目来源不同的CCER需求和价格发生分化，极大地削弱了CCER促进节能减排和调整产业结构的作用。

CCER交易是全国碳市场建设的重要内容。中国碳市场建设正处于快速发展阶段，必须充分注重发挥 CCER 碳资产的特点，按照碳市场发展规律，探索 CCER 交易在市场机制减排和气候融资中的作用，推动全国碳市场建设。

## 2.5.5 排放交易机制

碳排放交易机制的有效性是决定碳减排目标能否有效实现的关键因素，然而，截至目前，中国碳交易机制尚未全面建立，其各种机制设计仍处于探索阶段，主要经验教训如下：

1）管理办法法律效力不足

强制法律约束力是碳交易政策得以贯彻落实的保障。目前，各试点碳排放权交易市场总纲性文件一般都是政府转发的部门规章，其层级较低，缺少罚则，约束力不足，难以保障碳交易政策效果的有效措施。在对企业的法律约束较为有限的情况下，各试点地区只能通过制定相应的碳市场激励措施，借以调动纳入企业积极性，激励企业主动遵守碳交易相关规定，积极采取行动完成遵约要求。例如，天津市碳排放权交易管理暂行办法由市政府办公厅印发，属于规范性文件，只有指导作用，缺乏法律效力。

建议提高《天津市碳排放权交易管理暂行办法》的法律层级，争取成为天津市政府令或地方人大决定；增加对未履约企业的罚则，特别是借鉴其他试点地区的做法以经济处罚和配额对企业扣除相结合的方式对企业形成实质性的约束；建立企业信用体系，将企业履约情况与奖惩体系挂钩。

2）不同试点部门协调力度存在差异

减排工作涉及经信委、环保、财政等诸多部门，由于各部门担负的责任和主要考核指标存在差异，致使部门间的节能减排关注度差异极大。节能补贴发放，技改资金补贴以及其他的科研奖励措施等，由经信委、发改委、环保部门等下达和负责完成。碳排放强度指标与其他指标间存在某些交叉和重叠，致使推进阻力加大，尤其是节能和减碳分属不同厅局的省市，矛盾更加突出。从 7 个试点地区的进度可见，能源与气候变化在一个部门的省市，如上海、北京和深圳，试点工作进度快、奖惩力度大。而不在一个部门的，就相对较慢，如湖北、天津、重庆、广州，进行稍慢，奖惩力度也不够，致使履约期延后，以时间换取履约率。重庆碳交易市场建设涉及市科委、发改委、经信委、国资委、环保局、统计局等多家政府部门，但各部门之间的协调配合较为困难，部门所掌握的资源难以共享并被其他单位所用，合作效率不高。同时，重庆参与碳交易市场研究的单位包括科研院所、高校及咨询机构等多家研究机构，所开展的研究工作都是针对碳交易这一主题，存在一定的重叠性，并且，在碳交易市场建设方面，重庆所需的碳交易相关咨询服务机构、监管核查机构、专业从业人员等力量不能满足发挥带头示范作用的要求。

建议各试点领导工作进一步强化对工作组组成单位的统筹指导和综合协调。强化顶层设计，研究制定碳市场发展战略，推动实施重大规划和重大政策，协调解决政府各部门间重大事项和主要问题，健全完善工作落实督促检查和监管机制，全面做好碳市场发展各项工作。在完善保障机制方面，坚持问题导向、工作导向、成果导向，完善领导小组办公室组织架构，健全工作机构，调动各方面积极性，在市委、市政府的坚强领导下，形成各有关部门沟通顺畅、相互配合、拧成合力，区县各取所长、互补所短、狠抓落实，试点地区一盘棋的协同发展工作体系。

3）碳交易价格调控机制尚不完善

中国碳交易市场发展还处在初级阶段，自身价格调节机制还不够完善，可能导致价格大幅波动，市场投机行为的加剧，也可能对有正常交易需求的企业形成"劣币驱逐良币"的不良后果，不利于中国碳交易市场的可持续发展。

为确保碳交易产品减排量的真实可信，需要独立第三方的科学核证。在国内信用体系缺失的背景下，如何计算企业可出售的碳减排量，第三方市场化的鉴定机构如何形成也是一个问题。加强与碳盘查有关机构的能力建设，确保碳排放数据的真实性、有效性和及时性，是碳市场有效运行的基本保障。

4）地方交易平台不够开放灵活

地方交易平台可以借助参与试点的优势，利用争创"全国碳交易中心"的契机，使交易平台更为灵活开放，地方交易平台可以尝试构建交易平台联盟，探索开发具有良好市场预期的碳交易品种，探索灵活多样的交易方式，探索碳资产管理的新模式，尝试构建碳信息披露和服务机制，积极参与碳金融产品开发。在全国碳市场建设中，地方交易平台应以服务求生存，以创新求发展，相信地方交易平台将会成为全国碳市场建设的重要推手，全国碳市场的建立为交易平台的发展提供了良机。

针对以上问题，建议国家层面加快相关立法进程，建立以《应对气候变化法》为纲领，《国家碳排放权交易管理条例》《国家温室气体排放强制报告条例》为骨干，相关部门规章为主体的、完整的碳排放权交易法律体系。探索建立全国统一碳交易市场，完善碳交易价格调控机制，制定规则透明、流程公开的碳市场价格调控机制，在不影响碳交易价格机制发挥作用的前提下，合理控制价格波动幅度，降低企业履约成本。可以参照证券交易所的做法，在全国设置南北两个碳交易平台，集中资源和力量打造国际一流水准的交易平台。同时，由国家发改委牵头，制定全国性的分行业温室气体排放量化、报告和核查的标准、规范和指南，建立统一的温室气体排放数据体系，为未来中国碳交易平台参与全球碳市场的竞争打下基础。

5）制度设计差异较大，缺乏统一标准统一管理

由于缺乏统一规范，各地碳交易市场在交易制度和规则设计方面差异较大，包括 CCER 项目准入范围及历史减排量能否做抵扣、移动源是否纳入碳交易体系等方面都存在差异，交易门槛和准入条件也不尽相同。例如，深圳允许机构和个人投资者参与交易，并向境外碳投资机构开放；而其他市场不允许个人投资者参与交易，或者不接纳境外投资者。这些差异的存在，既对交易活跃度造成一定影响，也对市场之间的交流和对接形成了障碍，不利于未来全国统一的碳交易市场的建立。

在推动全国碳市场建设过程中，需要考虑大原则尽可能统一的问题，否则会造成东西部低碳发展水平差距大，无法发挥中央统筹的优势，也无法完成节能减碳的任务。建议试点地区碳交易主管部门结合试点经验，确定 MRV 技术规范中排放因子和相关参数，使得全国 MRV 技术规范在地方层面上更具可操作性、适应性和科学性。在全国统一部署下，试点地区碳交易主管部门应率先采用全国 MRV 技术规范开展碳排放核算、报告和核查，既可为进一步完善全国 MRV 技术规范提供借鉴，又可为确定地方配额总量、纳入重点企业基准线以及配额分配做充分的准备。试点地区应培育一批专业机构和专业人才，积极培养全国碳市场的核查机构和核查员，并积极探索碳核查的市场化和产业化途径，加强对核查市场、核查机构和核查人员的规范和监督。

6）碳市场相互分割，难以发挥规模效应

7 个碳交易试点是同类不同量、同量不同质，各试点要求不一样、制度不一

样、技术不一样、企业不一样、行业不一样，导致产生的 $CO_2$ 涵义也不一样。未来 1t $CO_2e$ 是要在全国通用的，这样才能形成跨区域的碳市场。谁能够迅速将本地 1t $CO_2e$ 变成国家的 1t $CO_2e$，谁就能够迅速扩张。试点地区已有标准和规则需要有一个调整的过程，而非试点地区没有，可以吸取试点的经验、队伍、系统、管理。

建立全国性统一碳市场首先要明确设置碳排放总量，然后对减排地区及减排行业的排放额进行合理分配，使碳排放配额成为一种稀缺资源，从而赋予碳资产交易的物质基础。国内还没有明确得到充分认可的减排配额体系，即使确定排放总量，技术手段也难以确保碳排放额的公平分配，在诸如碳交易权利与义务责任主体的确定、排放源的监测核查等方面还有很多工作需要做。

在试点向全国过渡时期，部分重点排放单位可能会富余试点碳市排放配额，即地方配额，一些参与碳交易的非履约机构和个人也可能持有地方配额。由于各试点之间、全国与各试点之间 MRV 规则、配额分配方法等存在差异，使得各地方配额之间、地方配额与国家碳市配额之间同质化困难重重，不具有直接可交易性。一方面，建议允许存余的地方配额在全国碳市场中进行交易，并以具有国家公信力的 CCER 为桥梁尝试地方配额之间、地方配额与国家配额之间的转换。另一方面，可以尝试在全国碳市场建设框架下将试点碳市场转变为地方碳市场，使地方配额仍可以在地方碳市上进行交易和履约，逐渐化解地方配额使用和同质问题。这样既保障了试点碳交易政策的延续性，也可以防止试点碳市场直接转变为全国碳市场过程中重点排放单位碳资产流失、碳交易成本增加、排放泄露和产品竞争力下降等问题，而影响全国碳市场建设进程。

7）跨区域碳交易进展滞缓，配额应向一方倾斜

只有实现跨城市交易，碳交易才会起到更为充分的减排作用。从北京和河北启动跨区域碳交易至今，河北对于碳交易的筹备工作进展有限，也没有长远的碳交易市场参与计划。目前，北京、河北实现跨区域碳交易的进度稍显滞后，河北的企业甚至政府开展跨区域交易的积极性并没有想象中的高。这主要是由于国家对于跨区域交易还没有制定更高层面的顶层设计，也未出台针对区域的阶段碳排放总量目标和各城市配额分配比例。对于河北的企业来说，参与碳交易增加成本投入，看不到碳汇未来的价值和可持有性，企业主动参与的积极性不高。

建议北京市在实施配额拍卖或回购时，综合考虑北京和承德市经济发展水平

差异，与河北省和承德市共同协商后推进。将河北省承德市碳排放量大的水泥生产企业作为重点排放单位，利用北京市第三方核查机构目录库中的第三方核查机构开展核查工作，利用北京市碳排放权注册登记系统进行配额的管理及履约工作，在北京环境交易所进行配额和经审定的碳排放量交易。承德市政府在参照北京市已有配额分配方法的基础上，使用相同的配额计算方法，与北京市建立配额分配协调机制，利用北京市碳排放权注册登记系统做好配额的核发和管理。

## 2.5.6　履约与惩罚

在履约与惩罚方面，各试点的主要经验教训如下：

1）政府经验不足，对企业指导不够

除上海和深圳按原定履约期履约完毕，北京、广东、天津三地均因准备不足等原因对履约期进行推迟；随着履约期临近，各地原本并不活跃的碳市场交易数量才突然激增。深圳许多企业负责人履约意识淡薄，在还有 2 周就到履约日的情况下，仍有近半企业未主动履约。最后几天的时候，深圳各区成立由副区长挂帅的履约推进小组，挨家挨户地催促提醒，一些配额不足的企业只好花高价到交易市场上购买配额。

2）试点地区罚则力度较弱

罚则是规定纳入企业、核查机构或交易机构违约的处罚规定，是对企业和机构进行有效约束以保证碳排放权交易市场正常运行的重要因素，但目前各试点地区普遍存在罚则力度较弱的问题。例如，天津试点管理办法中只是一般性地规定了法律责任，对纳入企业的违约行为，由市发改委责令限期改正，并在 3 年内不得享受相关政策。天津市管理办法没有类似责令清缴、扣除来年配额以及按照市场价格三倍罚款或者罚款上限等明确的罚则，难以形成对企业排放行为的有效约束，一定程度上影响了市场活跃度。此外，天津尚未明确对违约处罚行为执法的机构。

## 2.5.7　企业参与和市场透明度

企业参与和市场透明度是支撑市场有效运行的前提，已启动的两省五市碳市场试点自运行以来在上述两个方面积累了宝贵的经验和教训，现分析如下：

1）试点企业参与碳排放交易积极性不高

各试点地区普遍存在成交量和成交额偏低，纳入企业参与交易不活跃，碳市场流动性不足的问题。天津碳市场于 2013 年 12 月 26 日开盘，收盘价从 28 元/t 小幅回落到 25.5 元/t 之后，不断上涨到 50.11 元/t，然后逐步下跌，到履约期末降为 20.74 元/t。重庆试点地区钢铁、水泥等高能耗、高排放企业大多不愿参与碳交易试点，缺乏积极性。市内多数企业对碳交易的认识不够，甚至并不知道什么是碳交易；而对碳交易有所了解的企业，由于考虑到参与碳交易所承担的减排责任可能会对企业的生产经营带来不利影响，都消极躲避，不愿配合碳交易试点的相关工作，在很大程度上影响碳交易市场的建设与运行。

2）部分试点碳市场透明度较差

市场的有效运行离不开公开透明的市场环境，透明的市场才能吸引各类市场主体参与其中。碳市场及时准确地公开管理和交易信息，是增强市场参与者信息和促进交易市场健康有序发展的重要前提，但目前多数试点存在碳市场透明度较差的问题。例如，深圳碳市场尚未建立起完善的信息披露机制，这主要体现在如下单个方面：第一，信息披露缺乏制度规范，目前尚未就信息披露制定具体政策或规则；第二，当前信息披露的内容有限，信息披露的需求与实际披露的内容差距较大；第三，当前信息披露的渠道分散，信息收集成本较高。

3）碳交易体系的市场功能较弱

相对证券市场等其他成熟资本市场，中国碳市场由于形成时间短，交易内容新，市场功能显得严重不足。以深圳试点为例，其主要体现在：第一，市场流动性严重不足；第二，碳价还未成为真正指导管控单位投资和减排决策的工具，不能反映真实的减排成本，也就无法实现减排效率的最优化；第三，目前尚不能帮助管控单位管理价格风险。交易品种为单一现货，管控单位缺乏风险对冲工具，无法管理碳资产和减排的价格风险；第四，交易方式效率低，非连续竞价的交易方式不能实时显示市场需求，扭曲了价格形成机制；交易换手时间长，市场参与者参与交易意愿低，碳市场的功能没有完全发挥出来。

# |第3章| 碳市场有效运行的市场环境条件

从理论和实践来看，碳市场是为了减少温室气体排放而建立起来的，其有效运行需要以健全的制度法规及市场条件为基础。支撑碳市场运行的条件可以归纳为法律法规、碳排放基础数据核算、碳排放监测报告核查体系（MRV）及企业能力建设等方面。

## 3.1　市场法规支撑

保障碳市场有效运行的法律法规支撑体系包括基本法律保障体系、技术法律支撑、市场监管立法、MRV 体系、履约机制及市场监管机制等。

### 3.1.1　基本法律保障体系

EU-ETS 形成了由欧盟指令、计划及欧盟委员会规章组成的法律体系：

欧盟指令（directives）：是欧盟为协调各成员国现行法律不一致而制定的法律要求。各成员国政府有责任将本国的法律与指令取得协调一致，与指令有冲突的国家现行法律都应撤销。欧盟分布指令的根本是消除欧盟成员国之间的贸易技术壁垒，实现产品在成员国之间的"自由流通"。欧盟委员会发布的关于排放交易的诸多指令是欧盟排放交易体系的基础性法律文件，它确定了各成员国实施排放交易体系所遵循的共同标准和程序。各国所制定的排放量、排放权的分配方案需经欧盟委员会根据相关指令审核许可后才能生效。

计划：包括用于欧盟内部各国碳排放权分配的国家碳排放权分配方案（national allocation plans，NAP），用于确定总量计划及 $CO_2$ 排放情况的监控及报告计划（monitoring and reporting）。

EU-ETS 排放指令要求每个成员国自己单独制定 NAP，也就是 EU-ETS 的国家立法依据，每个成员国决定本国的欧盟许可总额、分配给交易部门和非交易部门的比例以及分配给每一个排放实体的额度。

欧盟委员会制定的规章：其主要内容为指令实施的相关细则。

## 3.1.2　技术法律支撑

除了 EU-ETS 排放指令 Directive 2003/87/EC、EU-ETS 排放指令修订 Directive 2009/29/EC 及关联指令 Directive 2004/101/EC 三种基本法律制度，欧盟在技术支撑方面也有相关的法律制度。

欧盟对温室气体监测统计报告（包括第三方机构在期间的作用）有严格的立法要求。欧盟温室气体监测统计报告法律制度，是由欧盟排放贸易框架下关于监测统计报告的法律规定（主要包括欧盟排放贸易指令 Directive 2003/87/EC 和链接指令 Directive 2009/29/EC，欧盟配额登记条例 Regulation No 2216/2004，监测报告指南 MRG2004 和 MRG2007 等），欧盟监测决定（Decision 280/2004）和欧盟温室气体监测机制运行决定（Decision 2005/166/EC）等相关法律规定共同组成，这些相关法律法规确保了欧盟碳市场的有效运行。

另外，针对减排技术，欧盟也有相关的法律支撑。例如，碳捕获与封存（CCS）是各国都在探索利用的温室气体减排技术，为了给 CCS 技术应用提供法律和政策框架，欧盟于 2009 年 4 月 23 日发布了《CCS 指令》（Directive 2009/31/EC）。

## 3.1.3　市场监管立法

与碳现货市场相关的金融市场法律可以被认为是 EU-ETS 的外围政策，主要包括金融工具（financial instruments）和市场滥用（market abuse）的相关法律。目前，相关的金融市场法律改革尚未完成。

《金融工具市场指令》（Markets in Financial Instruments Directive，MiFID）及其条例（Markets in Financial Instruments Regulation，MiFIR）。2008 年开始实施的

MiFID 目标在于规范金融机构的行为，主要用于管理银行、投资公司的金融工具投资服务（包括中介、咨询、交易、资产管理等）以及交易所的运营。为了提高碳市场的透明度，并保证监管机构能够对碳市场的不当行为和违法行为能够作出及时反馈，欧盟在 2011 年 10 月的 MiFID 改革提案——《金融工具市场指令 II》（MiFID II），提议将二级碳现货市场纳入其监管范围。将 MiFID 的监管范围拓展到碳市场领域，通过将碳配额归类为金融工具来实现的。目前，MiFID II 尚未通过欧洲议会和欧盟理事会的批准，批准之后还需在两年之内通过各成员国的立法才可实施。

《市场滥用指令》（Market Abuse Directive，MAD）框架下的相关法律。MAD 2003 年开始实施，针对的是内幕交易（insider dealing）和市场操纵（market manipulation）这两种扰乱金融工具市场的市场滥用行为。由于 MiFID II 将碳现货归类为金融工具，因此 MAD 将同样适用于碳现货市场。欧盟在 2011 年 10 月提议对 MAD 进行改革，引入《市场滥用法规》（Market Abuse Regulation，MAR）和《市场滥用犯罪惩罚指令》（Criminal Sanctions for Market Abuse Directive，CSMAD）。新法案实施后，碳现货市场将被纳入 MAD 监管范围，以降低碳市场内幕交易和市场操纵的风险。新的 MAD 不仅适用于二级现货市场，还适用于一级市场的配额拍卖。2013 年 9 月，欧洲议会已经签署了同意新市场滥用法规的政治协议，但最终采纳还需等待 MiFID II 率先通过，因为 MAR 的适用范围取决于 MiFID II。

与 MiFID 有关的其他一些金融监管法律同样将拓展到碳现货市场，主要包括《反洗钱指令》（Anti-Money Laundering Directive）和《结算终局性指令》（Settlement Finality Directive）。但是，由于碳市场与传统金融市场的区别，以下金融监管法律不适用于碳现货市场：《招股说明书指令》（Prospectus Directive）《透明度指令》（Transparency Directive）《可转让证券集合投资计划指令》（Undertakings for Collective Investment in Transferable Securities（UCITS）Directive）《金融抵押品指令》（Financial Collateral Directive）。

## 3.1.4　MRV 体系

2003/87/EC 指令列出了管理排放监测、报告和核证的原则。监测有两种选择，即用标准的和可接受的方法计算或衡量。监测和报告原则由欧盟委员会决定，并提供额外指导。EU-ETS 的报告要求要与现有的使商业负担最小化的汇报相一致，该指令还要求对 EU-ETS 规定的排放进行核证，以确保报告的准确和真实性。核证工作由有资质的认证机构负责。

1）碳排放量的报告流程

欧盟委员会根据《京都议定书》为欧盟各成员国规定的减排目标和欧盟内部减排量分担协议，确定了各成员国的 $CO_2$ 排放量，之后再由成员国根据国家分配计划分配给该国的企业。每个排放实体必须在每个日历年度后汇报其主管机关获得排放温室气体的许可，该许可规定对排放实体的排放量进行监测和汇报。经营者必须在每个日历年度后汇报其该年度的温室气体排放量。颁发许可的条件之一就是经营者有能力对企业的排放量进行监测和汇报。按照 2003/87/EC 法案的规定，企业在申请碳排放权的配额时，需要在申请报告中制订一份详细的监测计划，提供与监测有关的材料，其中必须要注明监测排放量的方法和频率，有关权威部门会对该计划进行审核，以确保其操作的可靠性。

2）碳排放量的核查制度

欧盟要求企业在每年度结束后，应首先核实和整理排放报告所需要的数据资料，并按照相应的公式完成实际排放量的计算。接下来就是要按照报告规定格式，将计算结果汇总，完成报告初稿。企业完成初稿后并不是直接提交给相关主管部门，而是提交给（获得主管部门资格认证的）第三方核查机构，进入核查程序，以确定企业报告数据的真实性。核查机构完成核查流程后，对排放报告出具核查意见，如果企业的排放报告出现较大的问题，则企业应尽快修改报告，再次提交核查；如果核查结果满意，则企业应该将核查机构的意见与排放报告一起在规定的时间提交相关主管部门，接受监督检查和进行备案。

3）第三方核查机构有严格的准入要求和工作规范

欧盟对第三方核查机构有严格的要求。首先，第三方核查机构应有较高的资质条件，具备温室气体监测、计算和测量的水平，以及审核企业相关报告的水平。其次，申请成为第三方核查机构有严格的流程规定，以确保其权威性。最后，第三方核查机构的审定工作必须遵循严格的程序，要对自己的行为负责。

## 3.1.5 履约机制

第一阶段交易（2005～2007 年）中，为保证减排义务的履行，欧盟规定实际排放量低于分配配额的企业可进入市场出售多余指标；而实际排放量高于配额的企业，则需要从市场上购买其他企业出售的排放权，如不购买排放权将被处以每吨 40 美元的罚款。第一阶段企业没有用完的配额不得存储——即把本年度的配额存放到下一年度延期使用，也不允许提前借支——即把下一年度的配额提前到本年使用。

第二阶段交易（2008～2012 年）在配额分配方式的基础上，以拍卖方式成交的配额比例提高到 10%，行业则扩大到航空部门，对未完成减排目标的处罚，提高到每吨 $CO_2$ 为 100 美元。第二阶段的减排配额则可以顺利带到第三阶段。

第三阶段交易（2013～2020 年）扩大了减排的覆盖范围，新规定建立了严格的监测、报告和核证程序，以确保 EU-ETS 的完整性。但对于某些缺乏竞争力的高耗能部门，则给予一定的豁免。

欧盟的监测报告体系从第一、第二阶段的指南上升到第三阶段的条例，足见欧盟对于该体系的重视。从监测的温室气体范围看，监测温室气体种类逐渐增多，第一、第二阶段仅监测 $CO_2$ 的排放，第三阶段开始监测 $N_2O$、PFCs 的排放。从监测的流程看，监测计划的作用更加重要和突出，是企业核算、报告和第三方核查的主要依据。从监测的方法学来看，第三阶段基于计算的方法学和基于测量的方法学描述更加详细，数据获取和等级的要求更清晰。欧盟 2012 年公布的关于温室气体排放报告和吨公里报告的核查以及核查者的认证规定，适用于欧盟第三阶段，从而使监测、报告、核查体系更加完整。

EU-ETS 允许公司在 CDM 和 JI 机制下通过项目合作获得的减排信用来抵消其一部分减排目标额，这种抵消机制不仅为欧盟内部工业、企业提供其实现各自减排目标的成本效益方式外，EU-ETS 也给发展中国家和经济转型国家带来了持续发展。

2008～2020 年，欧盟各成员国允许进口的来自 CDM 和 JI 项目的减排指标可以占到本国减排目标的 50%。在第三阶段，欧盟将通过提前储备的方式确保新的行业和新的进入者至少可以使用它们经核证的排放量4.5%的CDM和JI减排指标。对于新加入的航空线路，它们至少可以使用1.5%。

2008~2020年，可采购CERs的上限为14亿t $CO_2$e，折合2.8亿t $CO_2$e/a。如果项目在2012年12月31日之前获CDM-EB批准登记，且减排发生在这一日期之后，则其产出的碳信用额可用于EU-ETS的整个第三阶段（2013~2020年）。而2012年12月31日之后登记的项目所产出的CERs和ERUs，只有当其来自LDC或者与欧盟有双边协议的国家时才可用于EU-ETS。

### 3.1.6 市场监管

从金融市场的角度而言，欧盟碳市场可以分为一级市场（即拍卖）、二级现货市场和二级衍生品市场。其中，碳衍生品市场属于传统的金融市场范畴，与其他类型的衍生品市场一样受金融监管法律的管辖；而碳现货市场在EU-ETS前两个阶段乃至目前缺乏监管。这一情况在第三阶段将会有所改变。为了应对欧盟碳市场的快速增长和金融危机后加强市场监管的需求，欧盟2011年提议将欧盟碳现货市场纳入金融监管的范畴，相关法案目前正等待欧洲议会和欧盟理事会的批准。

二级市场分为二级现货市场和二级衍生品市场。欧盟的二级碳衍生品市场与其他衍生品市场一样受严格的金融法律监管，但二级碳现货市场目前还缺乏监管，对市场透明度以及对内幕交易、市场操纵均未作明确要求。欧盟目前正在进行金融监管改革，当新的MAD框架和MiFID Ⅱ通过以后，这一状况将会有所改变。未来碳二级现货市场将接受与二级衍生品市场相同尺度的金融监管，即两个市场的监管规则统一。

## 3.2 碳排放基础数据核算

覆盖范围是碳排放权交易体系建设过程中首先要解决的一个问题。碳排放权交易市场覆盖范围的研究内容主要包括四部分：①覆盖的温室气体种类和排放类型；②覆盖的国民经济行业类型；③覆盖的排放源边界是企业还是设施；④覆盖对象的门槛标准。本节总结了八个国家或地区碳排放权交易体系的覆盖范围，参考国际经验提出了确定国内碳排放权交易体系覆盖范围的主要原则，并结合我国实际情况，对我国建立碳排放权交易体系的覆盖范围提出了相关建议。

## 3.2.1　温室气体种类和排放类型

（1）欧盟温室气体排放交易机制（EU-ETS）：分三阶段实施，覆盖范围逐步扩大。第一、二阶段控制温室气体类型仅为 $CO_2$，排放类型为化石燃料燃烧排放和过程排放（能源作为还原剂等原材料用途所产生的 $CO_2$ 排放、石灰石和其他碳酸盐分解产生的 $CO_2$ 排放、炼钢降碳过程排放）。第三阶段控制温室气体类型增加了 $N_2O$ 和 PFCs，排放类型在前两阶段的基础上增加了三种过程排放，即石油加工和合成氨生产过程的 $CO_2$排放、硝酸和己二酸生产过程的 $N_2O$ 排放和电解铝生产过程的 PFCs 排放。

（2）美国加州碳交易机制：除包括《京都议定书》所规定的六种温室气体 $CO_2$、$CH_4$、$N_2O$、$SF_6$、HFCs 和 PFCs 之外，还包括 $NF_3$ 和其他氟化物。排放类型为纳入工业设施的化石燃料燃烧排放和各种过程排放，从州外购入电力所对应的排放。

（3）澳大利亚碳价格机制：纳入《京都议定书》6 种温室气体中的 4 种，分别是 $CO_2$、$CH_4$、$N_2O$ 和熔炼铝的过程中所产生的 PFCs。排放类型为燃料燃烧排放、工业生产过程、采矿业逃逸气体及废弃物处理的排放。

（4）新西兰碳交易市场：纳入《京都议定书》6 种温室气体中的 4 种，分别是 $CO_2$、$CH_4$、$N_2O$ 和 PFCs。排放类型为燃料燃烧排放、工业生产过程、采矿业逃逸气体及废弃物处理的排放，此外，第一产业是新西兰的支柱产业，因此还包括了农业和林业排放源。

（5）东京都碳排放总量控制和交易体系：仅包括 $CO_2$。排放类型包括化石燃料燃烧排放、净外购电力和热力所对应的排放。由于东京都的交易体系内没有发电厂，因此不存在重复计算问题。

（6）韩国碳排放市场：覆盖《京都议定书》中的 6 种温室气体 $CO_2$、$CH_4$、$N_2O$、HFCs、PFCs、$SF_6$。排放类型包括了燃料燃烧排放、工业生产过程、农业排放、废弃物处理的排放和间接排放（由于公开可获得的资料有限，估计是指净外购电力所对应的排放，但不清楚韩国碳市场主管部门如何考虑重复计算问题）。

（7）美国区域温室气体计划（RGGI）：只针对电力行业的 $CO_2$ 排放。排放类型为化石燃料燃烧排放。

（8）魁北克的限额交易：涵盖了 $CO_2$ 和其他 6 种温室气体（$CH_4$，$N_2O$，HFCs，PFCs，$SF_6$，$NF_3$）。排放类型包括了燃料燃烧排放、矿后逃逸、工业生产过程、农业排放、废弃物处理的排放，以及输配电企业从省外购入电力所对应的排放。

## 3.2.2　排放源边界

国外主要碳排放权交易体系覆盖的排放源边界均定义为设施。但实际上，设施是一种广义的定义，各体系对于设施的定义中均提出，地理边界接近、提供同一产品生产或服务的一系列小规模设施可以打捆定义为一个设施。这种广义的"设施"的定义，实际上与"企业"的定义是比较类似的，而且在提交温室气体排放报告、参与碳交易以及履约方面，最终都要将设施对应至企业（运营者）名下。

## 3.2.3　覆盖的行业

（1）欧盟温室气体排放交易机制：分三阶段实施，覆盖的行业范围逐步扩大。第一阶段覆盖了发电、供热、石油加工、黑色金属冶炼、水泥生产、石灰生产、陶瓷生产、制砖、玻璃生产、纸浆生产、造纸和纸板生产。第二阶段增加了航空部门。第三阶段又增加了铝业、其他有色金属生产、石棉生产、石油化工、合成氨、硝酸和己二酸生产。按照我国国民经济行业分类国家标准来看，至第三阶段，EU-ETS 覆盖的行业包括电力热力生产和供应业、石油加工业、化学原料和化学制品制造业、黑色金属冶炼和压延加工业、有色金属冶炼和压延加工业、非金属矿物制品业、造纸和纸制品业、航空运输业等八大行业。

（2）美国加州碳交易机制：分两阶段实施，覆盖的行业范围逐步扩大。第一阶段覆盖了发电、热电联产、电力进口商、水泥、玻璃、制氢、钢铁、石灰、制硝酸、石油和天然气、炼油、造纸行业，第二阶段进一步纳入了燃料供应商。按照我国国民经济行业分类国家标准来看，加州 ETS 覆盖的行业包括电力热力生产和供应业、石油加工业、化学原料和化学制品制造业、黑色金属冶炼和压延加工业、非金属矿物制品业、造纸和纸制品业等六大行业。

（3）澳大利亚碳定价机制：按照我国国民经济行业分类国家标准来看，澳大利亚碳价格机制覆盖的行业包括电力热力生产和供应业、采矿业（石油和天然气开采、有色金属矿采选）、石油加工业、黑色金属冶炼和压延加工业、有色金属冶炼和压延加工业、非金属矿物制品业、废弃物处理、交通运输业（铁路、国内航空航运）等八大行业。

（4）新西兰碳交易市场：按照我国国民经济行业分类国家标准来看，新西兰 ETS 覆盖的行业包括农业、林业、电力热力生产和供应业、采矿业（石油和天然气开采、有色金属矿采选）、石油加工业、有色金属冶炼和压延加工业、非金属矿物制品业、废弃物处理、航空运输业（自愿参与）等九大行业。

（5）东京都碳排放总量控制和交易体系：制造业和服务业（建筑）。与其他 ETS 不同的是，东京都地域范围内没有电厂和高耗能工业，因此覆盖的主要是服务业的公共建筑以及少量的轻工业厂房。

（6）韩国碳排放市场：电力生产、工业、交通、建筑、农业及渔业、废弃物处理、公共事业。其中工业领域包括了电子数码产品、显示器、汽车、半导体、水泥、机械、石化、炼油、造船、钢铁 10 个行业。与 EU-ETS 相比，未纳入有色金属冶炼和压延加工业，但增加了服务业（建筑、废弃物处理）、农业及渔业、轻工业。

（7）美国区域温室气体计划（RGGI）：只包括电力行业。

（8）魁北克的限额交易：覆盖的行业包括电力热力生产和供应业（发电、供热、电网、热网）、采矿业、石油加工业、化学原料和化学制品制造业、造纸和纸制品业等五大行业。

## 3.2.4 覆盖对象的门槛标准

（1）欧盟温室气体排放交易机制（EU-ETS）。两种门槛标准：①容量门槛：20MW 的燃烧设施；②产能门槛：钢铁行业（每小时产量 2.5t 以上）、水泥行业

（熟料为原料每天产量 500t 以上或石灰石及其他为原料每天产量 50t 以上）、玻璃行业（每天产量 20t 以上）、陶瓷及制砖行业（每天产量 75t 以上或砖窑体积超过 4m³ 且砖窑密度超过 300kg/m³）、造纸行业（每天产量 20t 以上）、石棉（每天产量 20t 以上）。

（2）美国加州碳交易机制。排放量门槛：年排放量超过 25 000t $CO_2$e。

（3）澳大利亚碳价格机制。排放量门槛：年排放量超过 25 000t $CO_2$e。

（4）新西兰碳交易市场。三种门槛标准：①排放量门槛：利用地热发电和工业采热温室气体排放超过每年 4000t；②产能门槛：每年开采 2000t 煤以上；③能耗门槛：燃烧 1500t 废油发电或制热；每年购买 25 万 tce 或 2000TJ 天然气以上的能源企业。

（5）东京都碳排放总量控制和交易体系。能耗门槛：年能耗超过 1500kL 原油当量（相当于 1846tce）。

（6）韩国碳排放市场。排放量门槛：单个设施每年排放超过 25 000t $CO_2$e，或具有多个设施的企业每年排放超过 12.5 万 t $CO_2$e。

（7）美国区域温室气体计划（RGGI）。容量门槛：25MW 的发电设施。

## 3.2.5 覆盖范围的确定原则

从世界 8 个主要国家和地区碳市场的发展经验来看，确定碳排放权交易体系的覆盖范围应考虑以下两方面原则：

1）参与方原则

需要具体考虑：

（1）排放特征：与国家或地区的产业结构和能源结构有很大关系，涉及到覆盖温室气体的种类、排放类型和行业范围。

（2）数据基础：首先考虑关键数据是否可获得，其次考虑数据的准确性。

（3）减排潜力：建立碳排放权交易体系的目的是深度挖掘不同行业的减排潜力，并通过市场机制实现这些减排潜力。

（4）减排成本：考虑碳排放的价格以及减排成本，分析对相关企业生产成本的影响，并与自上而下的模型研究对接，进一步分析对国民经济的影响。

2）管理者原则

需要具体考虑：

（1）政策协调：主要指与国家或地区已发布的节能、低碳发展及环保等政策措施相协调。

（2）管理成本：管理机构的监督成本、交易成本等。

（3）避免泄漏：考虑碳价的传导途径以及主要用能设施间的可替代性，避免碳排放从交易体系覆盖范围之内向体系之外转移。

## 3.2.6　对中国碳排放权交易体系覆盖范围的建议

1）气体种类和排放类型

全国碳排放权交易体系建设初期仅包括 $CO_2$ 和 HFC23。$CO_2$ 是中国最主要的温室气体，占全国温室气体排放总量的80%左右。HFC23 是 HFC22 生产过程的副产品，中国仅有少数大型企业从事 HFC22 生产，这些企业大都具有参与清洁发展机制（CDM）国际合作的经验，排放数据易于监测。

具体的排放环节包括：

（1）化石燃料燃烧导致的 $CO_2$ 排放：约占全国温室气体排放总量的72%。

（2）过程排放：具体包括钢铁生产 $CO_2$ 排放、水泥生产 $CO_2$ 排放、玻璃生产 $CO_2$ 排放、石油加工 $CO_2$ 排放、化工生产 $CO_2$ 排放、HFC22 生产过程的 HFC23，约占全国温室气体排放总量的8%~10%。

（3）外购电、热所对应的排放：与统计制度、节能政策、企业核算和报告指南的一致性，将此部分排放计入消费侧。中国目前电力、热力价格不能向下游用户传导，工业锅炉等通用设备可以实现煤改电、气改电，或通过外购热力代替自有锅炉供热，因此如果不覆盖外购电、热所对应的排放较易造成 ETS 体系内外的碳泄漏。

2）排放源边界

与统计制度接轨，与已有节能和碳排放控制政策协调，覆盖企业（法人）边界。可操作性较强：

（1）企业法人统计制度，主要能源和原材料的消耗有相关发票或凭据进行交叉核对，较容易解决数据缺失问题。

（2）企业的生产系统由主要生产系统、辅助生产系统、附属生产系统三部分组成，覆盖企业边界有助于挖掘辅助生产系统和附属生产系统的节能减碳潜力。

（3）企业实施精细化管理，在各种生产设施之间实现成本有效的节能和碳排放控制。

3）覆盖行业和门槛

可参考欧盟经验分阶段进行。

第一阶段（2015～2020年）：电力、热力生产和供应业（发电、电网、供热）、石油加工（炼油）、化学原料和化学制品制造业（含HFC22生产）、非金属矿物制品业（水泥生产、平板玻璃生产、陶瓷生产）、黑色金属冶炼和压延加工业（钢铁生产）、有色金属冶炼和压延加工业（铝冶炼、镁冶炼、其他常用有色金属冶炼）、造纸和纸制品业、民航业年能耗1万tce或年温室气体排放量2万t $CO_2$e 的企事业单位，以及省、自治区、直辖市规定的重点排放单位纳入交易体系；其余2010年温室气体排放达到13 000t $CO_2$e，或2010年综合能源消费量达到5000 tce的法人单位，按照《关于组织开展重点企（事）业单位温室气体排放报告工作的通知》（发改气候〔2014〕63号）要求，核算和报告本单位温室气体排放情况。

第二阶段（2020年之后）：在经过几年的排放报告数据积累之后，有条件扩大覆盖范围，将温室气体排放达到13 000t $CO_2$e，或年综合能源消费量达到5000 tce的法人单位都纳入交易体系。

# 3.3　监测报告核查体系（MRV）

目前，国际上已经有一些温室气体排放统计核算体系，有些针对国家或者区域层面，有些则针对企业或者设施层面。通过调研已有温室气体排放统计核算体系的发展现状，研究其核算边界、核算的温室气体及相关核算方法学，对建立国家碳市场有重要的指导意义。中国钢铁、水泥和纯碱等的生产量和消费量都居世界首位。同时，这些行业均是能耗大户和温室气体排放大户。2012年中国钢产量约为7.2亿t，居世界第一位，并占全球钢产量15.5亿t的46%左右。同时，中国钢铁行业能源消耗占全国能源消耗的18%以上，其排放的 $CO_2$ 约占全球总排放量的

4%～5%。化工行业的温室气体排放量占中国工业部门排放的 1/4 左右。其中，纯碱（碳酸钠）生产是化工行业的一个主要子行业，中国 2011 年的纯碱产能已达到 2800 万 t。中国 2012 年水泥产量达 21.84 亿 t，约占全球产量的 60%。水泥行业能耗占全国能耗总量的 8% 左右，工艺过程排放占全国温室气体排放总量的 7% 以上。

通过科学、合理的方法核算这些行业中企业的碳排放情况，对中国采取有效措施控制这些行业的温室气体排放非常有必要。

## 3.3.1　问题现状

1）钢铁、化工、水泥三大行业均是碳排放权交易市场纳入的主要行业

钢铁、化工、水泥是制造业中排放量最大的三大行业，具有排放源规模大、减排技术成熟、减排潜力大的特点，适合采用碳排放权交易制度控制温室气体排放。欧盟排放交易体系、澳大利亚碳定价机制、美国加州碳交易体系、美国区域温室气体减排倡议等体系都纳入了这三大行业，上海、天津、湖北、广东等国内碳排放权交易试点也都将其作为主要行业纳入。

2）国家层面没有统一的 MRV 方法学

企业/设施的碳排放数据是进行碳排放权交易的基础，而这要求建立一套完善的 MRV 体系。目前国内对碳排放的 MRV 工作主要集中在两个方面：一是国家和省级排放清单的编制；二是 CDM 项目等的减排量核算。国家还没有建立完善的企业碳排放统计体系，也未出台统一的企业碳排放 MRV 要求。

3）国外已有多个 MRV 指南，但其在我国的适用性仍需研究

MRV 指南必须与我国的统计体系相适应。国内也有一些机构对企业的碳排放 MRV 方法学进行了研究，但存在地域特点明显、排放因子选择太宽泛等不足，不能满足建设全国统一碳排放权交易市场的需求。

## 3.3.2　问题分析

### 3.3.2.1　钢铁行业

1）中国的技术工艺和排放特点

中国钢铁生产主要存在两种工艺流程，即以天然资源为源头的采用高炉-转炉

炼钢的长流程，与以废钢为源头的采用电炉炼钢的短流程。国际上长流程与短流程的比例是7∶3，中国短流程的比例不到10%，而短流程的能耗更低，对环境的污染更小。根据中国第二次国家信息通报，钢铁生产过程排放的$CO_2$占全部工业生产过程$CO_2$排放的8.3%。

2）已有MRV方法情况

计算钢铁企业温室气体排放的方法一般有三种，分别是活动水平法、质量平衡法和连续监测法，各有优缺点。活动水平法选择各类能源的消耗量、原材料消耗量或主要产品产量等作为分排放源的活动水平数据，排放量等于各项排放源的活动水平与排放因子的乘积再扣减温室气体的去除量，但由于钢铁生产过程中所用能源品种、技术工艺等的差别，中国的排放因子和含碳量数据和国际方法中的默认数据存在差异，排放因子和含碳量等相关参数的不确定性较大。质量平衡法是基于输入与输出的碳差额来计算温室气体排放量，计算相对准确，但是第三方核查机构核查困难。连续监测法运行成本高，且易造成漏统计，中国企业极少采用，并不适合现阶段使用。

3）现有基础和和碳市场需求的差距

目前，中国钢铁企业的分工序能耗统计已经比较细致，企业可以据此标准以及其他要求获取相关数据。通过调研以及和地方试点企业的交流，大多数企业可以较准确地获取燃料使用、生铁、钢材等数据，但是无法准确获得所用材料及产出物的排放因子数据。

#### 3.3.2.2 化工行业

1）中国的技术工艺和排放特点

目前中国纯碱工业的生产方法有三类：①天然碱法，以天然碱矿（碳酸钠和碳酸氢钠混合物）为原料，进行高温煅烧，副产品为$CO_2$；2011年产能180万t，占中国总产能的6.4%。②氨碱法（又称索尔维法），原料是工业盐（氯化钠）、氨水和二氧化碳（通过煅烧石灰石制取），副产品为氯化钙（废液）；2011年产能1240万t，占中国总产能的44.3%。③联合制碱法（又称侯德榜法），是中国独有的纯碱生产方法，原料是氯化钠、氨、二氧化碳（合成氨副产品），副产品为氯化铵（化肥）；2011年产能1380万t，占中国总产能的49.3%。

中国纯碱生产企业的温室气体排放包括：①能源活动的直接排放：即燃料燃烧排放。②工业生产过程：对于采用天然碱法或氨碱法的企业，$CO_2$ 作为副产品或原料气会导致逸散排放；而对于中国特有的采用联合制碱法的企业，由于使用来自于企业内合成氨工序的 $CO_2$ 副产品作为生产原料，应被视为去除量或减排量。③能源活动的间接排放：企业使用外购电力或热力而导致间接排放。

2）已有 MRV 方法情况

国内外已有的方法学仅针对的是国际通用的天然碱法和氨碱法。MRV 的边界有三类：①行业排放边界：政府间气候变化专门委员会（IPCC）温室气体清单指南和国家发改委内部印发的省级温室气体清单指南均采用此边界；②设施：发达国家温室气体排放权交易体系（如 EU-ETS）以及美国环保署（US EPA）的强制报告制度均采用此边界；③企业：国际标准化组织 ISO14064 的框架性方法和上海市发改委最近公布的方法（只考虑天然碱生产）采用此边界。

现有方法学的量化方法有三类：①连续在线监测：适用于重点排放设施，在企业层面应用的成本高，易造成漏统计，不适用。②碳质量平衡法：通过投入原料与产出物料中碳元素质量的变化来确定 $CO_2$ 的排放量，不适用于非二氧化碳排放。③活动水平法。

3）现有基础和碳市场需求的差距

主要体现在两个方面：第一，中国现行的能源统计和计量制度是以独立法人（适用于所有企事业单位）或独立核算单位（例如分厂，适用于能耗较高的重点用能单位）为报告边界，在活动水平数据的计量方面不能完全满足上述的基于设施的方法。第二，国内外尚未公布适用于中国独有的联合制碱法生产企业的方法学。

### 3.3.2.3 水泥行业

1）中国的技术工艺和排放特点

新型干法已成为中国水泥行业的主导技术，占全部水泥产量的 90%。中国还将大力推广低温余热发电、协同废物处置等技术，"十二五"规划中要求分别从 55% 增长到 65% 和从 0 增长到 10%。

但水泥的排放机理与技术工艺无关。无论采取何种技术，均分为直接碳排放和间接碳排放两类。其中，直接碳排放分两部分：一是能源消耗产生的 $CO_2$ 排放；

二是水泥生产过程中，石灰石分解产生的 $CO_2$ 排放。间接碳排放是指水泥生产过程中外购电力、热力产生的排放。

但由于低温余热发电、协同废物处置等技术的使用，水泥生产碳排放不能仅考虑"两磨一烧"，还需考虑这些附加生产流程对碳排放的影响。

2）已有 MRV 方法情况

水泥行业能源消耗碳排放的核算方法与其他行业相同，其生产过程排放有两种核算方法：生料法和熟料法。生料法基于消耗的生料数量以及生料中碳酸盐含量进行计算；而熟料法基于熟料产量，以氧化钙和氧化镁等金属氧化物含量进行计算。前者基于投入，后者基于产出，理论上结果是等同的。

实际应用中，生料法比熟料法更准确，美国、日本等国采用较多，但是，生料组分相对复杂、测量难度相对较大。熟料数据更容易获得，操作也更简单，自 1996 年 IPCC 提出后，就成为主要方法。

基于这两种方法，IPCC、欧盟委员会、世界可持续发展工商理事会（WBCSD）和水泥可持续性倡议行动（CSI）等机构编制了水泥行业碳排放核算的方法学指南。这些方法在核算边界、排放流程和排放因子的选择等方面都存在差异。IPCC 方法是世界各国普遍接受的方法，欧盟方法是专门针对碳排放权交易的方法，WBCSD-CSI 则是基于企业层面的核算方法。它们对编制中国的方法指南有重要的参考价值，但不能简单套用，需要具体研究其适用性。

国内一些机构也正在研究水泥碳排放核算方法。国家发改委气候司发布的《省级温室气体清单编制指南》包含水泥工艺过程排放，采用了比较简单的方法，只考虑熟料煅烧和电石替代原料的碳排放。北京、上海等碳排放权交易试点地区出台了水泥行业企业碳排放核算方法指南，具有明显的地域特征。中国建材研究总院编制了《水泥生产二氧化碳排放量计算方法》，考虑了完整的水泥生产流程，但其采用 IPCC 和 WBCSD-CSI 的排放因子，并不能充分反映中国各地区的情况。

3）现有基础和碳市场需求的差距

国内外已有的水泥行业碳排放 MRV 方法与中国碳排放权交易市场的要求仍有一定差距，需要对核算边界、核算流程、排放因子等内容进行具体研究，对全国范围的分地区、分类型的生料、熟料排放因子进行测算，并考虑中国水泥行业重点推广的低温余热发电、协同废物处置等技术对企业碳排放的影响。

一方面，这些技术能够提高城市的环境效益，促进可持续发展；另一方面，增加这些生产环节，可能增加企业的能源消耗和碳排放。对企业的初步调研发现，城市废物的水含量较高、热值较低；利用水泥窑进行处理时，首先需要将其烘干，会导致相应的能源消耗和碳排放，降低企业的效率。在进行排放许可的分配时，应充分考虑相关设施的共生环境效益，给予其必要的优惠措施。低温余热发电上网尽管对企业直接碳排放没有影响，但从整个电网来看却具有低碳效益。在 MRV 方法制定中，应该充分考虑企业面临的这些具体问题。

## 3.3.3　相关建议

1）钢铁行业

（1）核算时应注意不同设施氧化率的差异。在计算燃烧排放时，以企业而非设施为边界进行计算会产生一定的误差，因为燃料的氧化率根据锅炉的不同会有区别，且钢铁厂的设施多而复杂，每个设施的氧化率必然存在差异。

（2）建议以整个企业作为一个整体进行钢铁企业的排放核算，避免使用各工序排放加总的核算方法。在实际的钢铁生产过程中，部分工序会有相应的副产煤气产生，而这些副产煤气往往会用作其他工序环节的投入原料，因此使用分工序加总的方法容易出现"重复计算"的问题。若使用分工序核算加总的方式，为避免重复计算，就需要进行详细而复杂的规定，考虑各种可能性，核算工作将比较复杂。

2）化工行业

（1）采用分排放源核算与报告的总体方法。其中，在能源活动的直接和间接排放方面，采用活动水平法；工业生产过程领域，可结合企业的具体情况，采用质量平衡法或活动水平法。

（2）联合制碱法是中国独有的纯碱生产方法，应考虑该方法对于 $CO_2$ 减排的贡献，既可避免企业层面的排放量重复计算问题，对企业而言也更具公平性和说服力。

3）水泥行业

（1）建立适合中国情况的水泥行业排放因子数据库。建议充分发挥各地 CDM

服务中心、水泥质检中心、水泥行业协会的作用，进行全国范围的调研，了解各地区的生料、熟料组分情况，并确定碳排放因子。

（2）建立水泥企业碳排放核算的数据统计体系，包括分品种能源消费量、生料使用量、熟料产出量、窑炉粉尘和旁路粉尘量，以及余热发电量、废物处理量、废物含碳量等数据，以便为在碳排放指标分配时考虑水泥生产设施的共生环境效益提供依据。

# 3.4　企业人才队伍和能力建设

2014 年 1 月，国家发改委印发了《关于组织开展重点企（事）业单位温室气体排放报告工作的通知》，提出了实行重点企（事）业单位温室气体排放报送制度的要求，开展温室气体排放报告的责任主体为 2010 年温室气体排放达到 13 000 t $CO_2e$ 或综合能源消费总量达到 5000 tce 的企（事）业单位，由省级应对气候变化主管部门确定本地报告主体的具体名单并汇总上报。因此，如何在省级和国家层面建立企（事）业单位温室气体排放报送制度，成为了一项亟待解决的问题。

## 3.4.1　温室气体排放报送制度

目前中国各级政府部门涉及企业经济、能源数据统计和温室气体排放报告的制度属性可分为两大类，即直接报送制度和第三方盘查制度，直接报送制度又可进一步分为完全意义上的直接报送和结果数据直接报送两类。以下分别进行具体分析。

1）完全意义上的直接报送制度

从国内外已有经验看来，最具可靠性和公平性的是完全意义上的直接报送制度，即首先由主管部门委托专门机构开发出统计报告的一系列标准、指南、技术规范文件和直接报送系统软件。相关企业按要求填报原始数据；由系统内嵌的公式和链接自动计算并生成目标数据的报表；在生成初步结果报表之后的一定期限内，由各级主管部门或被授权的第三方机构进行审核；通过审核之后，形成最终报表。

目前，中国已实施的完全意义上的直接报送制度主要包括：

（1）规模以上工业企业统计数据的网上直报。主管部门是国家统计局，已实现了国家、省、市、区县统计局的联网，各级统计局具有不同的数据查看和审核权限，报送频率包括年报、半年报、季度报、月报等。

（2）重点用能单位能源利用状况报告。主管部门是省、自治区、直辖市管理节能工作的部门。例如北京市的节能主管部门是北京市发改委，已实现了北京市辖区内将近 600 家重点用能单位的能源数据网上直报，北京市节能环保中心得到北京市发改委的授权，进行能源数据网上直报的审核工作，报送频率是年报。报告的指标定义与国家的统计标准保持了一致性，但由于主管部门不同，采用独立的数据库系统，报表形式也与统计直报系统不尽相同。

（3）温室气体排放网上直报。目前全国 7 个碳排放权交易试点地区中的北京市和上海市均已成功建立并使用了企业级别的温室气体排放网上直报制度。其中，北京市对用于确定重点排放单位（经初步核算 $CO_2$ 排放量年平均值在 1 万 t 以上的排放单位）有设施 $CO_2$ 排放配额分配基数的 2009~2012 年历史数据，以及接受配额核定的 2013~2015 年数据，均采用网上直报制度，是目前为止我国报告年份覆盖得最为完全的企（事）业单位温室气体排放网上直报制度；上海市是全国最早开市的碳排放权交易试点地区，可能由于时间所限，仅对 2012 年的历史数据以及接受配额核定的 2013~2015 年数据进行网上直报，对于 2009~2011 年的历史排放数据则采用第三方盘查制度。

北京市碳排放权交易试点的主管部门是北京市发改委，报送频率是年报，纳入的重点排放单位接近 500 家，选聘了包括中国质量认证中心在内的第一批 15 家第三方核查机构。"北京市节能降耗及应对气候变化数据填报系统"于 2013 年上半年开始试运行，大多数重点排放单位都在 2013 年 9 月前完成了 2009~2012 年历年数据的初次填报，并于 2014 年 3 月底前完成了 2013 年数据的初次填报。各重点排放单位完成 $CO_2$ 排放报告的初次报送后，由北京市发改委指定的第三方核查机构开展核查工作，形成第三方核查报告；经第三方核查后，重点排放单位按照核查意见，对初次填报数据进行修正和补充；再经自动化的系统数据比对及专家抽查确认无误后，形成最终的"核查填报"数据报表和报告。截至 2014 年 6 月，北京市重点排放单位 100% 都完成了核查填报工作。

上海市碳排放权交易试点覆盖了将近 200 家企业，仅对 2012 年以来的温室气体排放数据进行网上直报，主管部门是上海市发改委，报送频率是年报，已开发和运行了"上海市碳排放报告直报系统"，试点企业填报 2012 年度数据的截止日期是 2013 年 3 月 15 日，上海市发改委按照规定对各试点企业报送的《企业 2012 年碳排放状况报告》进行了书面审核。上海市发改委于 2014 年 1 月中旬印发了《关于报送本市碳排放交易试点企业 2013 年碳排放状况报告的通知》，要求相关单位按时报送 2013 年度碳排放报告，组建了专门工作小组，对各试点企业在碳排放报告和报送中遇到的问题进行技术指导和政策咨询，并根据工作时间节点和推进情况，通过电话、邮件、书面通知等形式提醒、督促各单位按时提交报告。截至 2014 年 3 月 31 日，上海市全部碳排放交易试点企业都按时提交了企业 2013 年度碳排放报告，报告工作完成率达到 100%。

2）结果数据直接报送制度

天津市的碳排放权交易试点建设初期曾尝试使用这种温室气体排放报告制度，即首先由主管部门委托专门机构开发出企业温室气体排放核算与报告的方法学指南，而后要求纳入试点的企业按照方法学指南各自核算其排放量，编写企业温室气体排放报告，提交给主管部门。由于各企业对于方法学指南的理解有偏差，提交的温室气体排放报告结果普遍存在问题和错误，因此天津市发改委最终放弃了这种报告制度，转而采用第三方盘查制度。

3）第三方盘查制度

上海市对于碳排放权交易试点纳入企业在 2009～2011 年的历史排放数据采用第三方盘查制度，即首先由主管部门委托专门机构开发出企业温室气体排放核算与报告的方法学指南，而后选聘一批第三方盘查机构，按照方法学指南要求分别核算纳入试点的企业在 2009～2011 年历年的排放量，出具盘查报告，提交给主管部门。

由于第三方盘查制度可以避免直报系统的开发成本，筹备期也远远短于直报制度，因此目前天津、湖北等试点地区也倾向于采用这种温室气体排放报告制度。

从国际经验来看，第三方盘查制度比较适用于大中型企业在摸清自身的能源利用状况和温室气体排放情况下，通过提高管理水平而实现其自愿的节能减排目标。然而，如果把第三方盘查制度应用到真金白银的碳排放权交易体系之中，会出现一个突出的问题，就是如何防止第三方盘查机构受到利益驱使而徇私舞弊。

## 3.4.2 建立温室气体直报制度的问题和障碍分析

建立完全意义上的重点企业温室气体排放直报制度，面临以下问题和障碍：

1）成本较高

相对于第三方盘查制度而言，直报制度需要额外增加软件系统的开发成本。由于对网络安全性的要求高，还会出现较高的运行维护成本。

2）系统建设周期长

直报系统的软件开发和运行调试时间周期较长，因此相对于第三方盘查制度而言，直报制度需要经历一个较长的准备期。

3）体制障碍

我国的统计主管部门是国家和各级地方统计局，节能工作的管理部门是国家发改委、工信部和地方各级发改委、工信厅、经信委，温室气体排放报告的主管部门是国家和各级地方发改委，以上三方面都涉及能源消费数据的报送。由于部门权限问题，现行体制下只能分别开发报送系统，报表形式不统一，企业需要针对同一个数据进行多次填报，既是重复劳动，又容易在数据复制过程中出错，导致不同部门统计数据的不一致。

4）企业填报人员能力不足

从北京、天津等试点地区的温室气体排放相关数据填报情况来看，各企业填报人员的水平良莠不齐，对于各项指标的理解有偏差，原始数据填报出错或漏报的情况时有发生。例如，北京市仅要求报告发生在本市辖区内的能耗数据，但有些企业却填报了其京内外的能耗合计数。

## 3.4.3 相关建议

（1）从长远效果来看，直接报送制度可以将温室气体排放报告结果的主观性和人为干预程度降至最低，也是国际通用的重点企业数据统计和温室气体排放报告制度，因此，无论各碳排放权交易试点地区的初始报告制度如何，中国各级温室气体排放报告制度必将最终过渡至网上直报制度。

（2）在国家层面上应加强顶层设计，包括提供专项资金支持网上直报系统的设计、开发和维护；加强政府各部门统计工作的对接，加快推进各部门统计信息标准化建设，整合网上直报系统资源，并建立和完善统计基础数据管理制度和长效工作机制。

（3）定期组织对各级主管部门、企业填报人员的培训和能力建设活动，保证填报数据的质量。

## 3.5 中国碳市场基础能力建设的关键问题

### 3.5.1 立法不够完善

碳市场由于是人为建立的市场，需要强大的推动力，因此对法律法规高度依赖。健康高效的碳市场需要完善的立法，对碳市场的碳排放总量设置、配额分配体系、技术支撑、市场监管等各方面加以约束。我国国家层面目前没有针对全国统一碳排放交易的法律，地方试点中只有深圳市和北京市以地方人大立法的形式对碳交易中的细节进行规定，其他试点以管理办法、政府令的形式对碳市场进行管理。

先行管理碳市场的法律和规定力度不足。管理办法和工作通知，由于性质所限，其约束力度远远不如法律。具体来看有以下几点：一是行政处罚的种类限制，仅包括警告、罚款、没收违法所得、没收非法财物；地方法规的限制不能包括限制人身自由和吊销企业营业执照，也没有兜底条款；二是罚款金额，对非经营活动中的违法行为设定罚款不得超过1000元；对经营活动中的违法行为，有违法所得的，设定罚款不得超过违法所得的3倍，但最高不得超过30 000元，没有违法所得的，设定罚款不得超过10 000元；超过限额的，应当报国务院批准。从目前各试点已经确定的惩罚手段上来看，普遍存在力度不足的问题，违法成本相对较低，起不到足够的震慑作用。配额未交清的，罚款部分应和差额有明确的数量关系，而不是一个总数。如果仅设定一个总数，那么企业可以算出缴纳罚金还是主动减排的临界值，超过这个临界值企业都交罚款更加划算，而且欠得越多越划算。

此外,不应该为任何的未清缴设置缓冲期(限期改正条款),未清缴的企业反倒获得额外的时间宽限。若未规定没有清缴的配额需要在第二年补足,则对于环境效果的冲击很大,且变相规定了市场的配额最高价格(即惩罚总量所分摊的单价),对于市场秩序将造成不良的影响。

## 3.5.2 MRV 机制有待补充

要确保碳市场的长期性和可信度,则必须有良好的监测、报告和核查机制。基于已公布的规定及各试点 MRV 运行情况来看,至少存在以下问题。

(1) 各试点 MRV 规定中多为参考或翻译现有的一些 MRV 条款。例如,深圳的组织定义是具有自身职能和行政管理的企业、事业单位、政府机构、社团或其结合体,或上述单位中具有自身职能和行政管理的一部分,无论其是否具有法人资格、公营或私营,这同 ISO 14064~1:2006 定义相同。而其设施定义:属于某一地理边界、组织单元或生产过程中的,移动的或固定的一个装置、一组装置或设备,这是改写 ISO 14064-1:2006 定义。虽然这些参考不失为一种有效的方法,但需要更多地考虑中国的情况以及当地行业企业的特点。这种情况导致运行边界、组织边界界定不够清晰。尤其在涉及复杂行业及其生产工艺时,无法指导企业对其排放进行有效的监测和报告。

(2) 数据获取方面存在较多缺陷。首先,由于基础数据不足,导致数据获取方式可行性差。企业无法获取满足 MRV 需求的数据。其次,MRV 中数据获取方式与实际情况有脱节的情况发生。例如,在界定台账时间范围时,由于没有明确规定,"财年"与"自然年"情况没有进行区分,从而导致核算口径不一致。此外,数据不确定性等问题,例如管道中探针位置对不确定性影响,我国 MRV 体系中目前还没有明确的规定。

(3) MRV 缺乏法律依据,没有足够的管理规定作为支撑。欧盟 MRV 的规定是基于欧盟委员会出台的法规。而我国各试点一般以"指南"的形式对 MRV 进行规定,缺乏足够的约束力。在试点实践中,也可能由于这方面的管理不够严格出现排放单位不配合的情况。

### 3.5.3　市场监管不足

我国各试点交易所大都建立了碳交易的市场监督制度，这些监督制度的设计都参考了成熟的证券交易所和大宗商品交易所的交易行为监督制度，监督的范围仅限于二级市场中的交易所场内交易。

例如，《上海环境能源交易所碳排放交易规则》中，规定交易所监管的主要内容有：有关碳排放交易的法律法规、政策和交易规则的落实执行情况，交易行为和内部管理情况，客户的财务、资信状况，结算银行与碳排放交易有关的业务活动，与碳排放交易有关的违规违约事件等，并制定了违规违约的处理办法。《北京环境交易所碳排放交易规则》中详细规定了重点监控的交易行为，如大量或持续买入或卖出，大量或频繁进行反向交易，大笔申报、连续申报、或密集申报或申报价格明显偏离最新成交价的行为，频繁申报和撤销申报，一段时期内进行大量的交易，大量或者频繁进行高买低卖交易，在交易平台进行虚假或其他扰乱市场秩序的申报等行为。其他试点交易所的交易监督制度与北京、上海类似。

EU-ETS 等碳交易体系无论是其一级还是二级市场，无论是现货产品还是衍生品都属于金融市场范畴，与其他金融交易品一样受金融监管法律的管辖。在法律层面，有反洗钱法、拍卖法规等法律对其进行指导。此外还设有专门机构进行监控拍卖、与投标者有关的监管等。

目前国内碳交易试点市场监管工作主要由各地方交易所负责，对风险管理、交易运行、法律约束等方面对市场进行监管。各试点虽然在其管理办法中明确提出了对交易所监管工作的要求，但并没有上升到法律的高度，在这种情况下，有可能存在以下不足：首先，缺乏法律支持，从而导致没有足够的约束力，容易出现监管不力的情况。其次，由于我国碳交易、金融市场均起步较晚，因此交易所相关制度普遍不成熟，存在规则可行性差、不明确等问题。从目前各试点的情况来看，各交易所采取的交易方式不尽相同，部分交易方式不符合规定，例如，2014 年 9 月，证监会针对深圳等地交易所的现场检查，对违反国发〔2011〕38号、国办发〔2012〕37 号文件规定，实行连续交易、集中交易等问题进行了纠正。最后，各交易所管理办法中也存在一些潜在的漏洞，对于破坏市场秩序，如针对交易系统、登记簿等的黑客、造假等行为，尚无明确规定。

此外，很多法规缺乏实践，如价格调控机制。深圳、北京、天津和广东都设计了预防碳市场价格过高的价格调控措施；深圳、北京和天津设计了预防碳市场价格过低的价格调控措施。但是部分碳交易试点地区提及的配额回购方法在已有的国外碳交易体系使用较少，由于配额回购需要相关的预算保障，设计较为复杂，后续的具体实施还有待观察。

# |第4章| 中国碳市场建设需关注的重大问题

中国未来碳市场建设需要加强顶层设计，明确碳市场在中国的战略定位，加强碳市场有效运行的制度环境建设，并注意碳市场与其他政策工具之间的协调增效等。

## 4.1 关注中国碳市场建设相关重大问题

碳排放空间作为一种稀缺的资源和生产要素（何建坤等，2014），成为未来经济增长的一种新的约束条件。在引入碳排放权交易机制的条件下，对这种稀缺资源的初始分配将产生显著的社会财富分配效应，而通过产品生产及流通环节，相关行业部门的生产成本受其影响将会增加，并进一步通过供需关联、产业关联及区域贸易关联等对包括几乎所有部门和消费者在内的整个经济系统产生影响；同时碳市场形成的价格信号将形成一种新的激励机制，引导推动新技术的投资、创新与扩散，并有可能形成新的经济增长点。上述影响将对整个经济系统产生结构及增量调整效应。

### 4.1.1 社会经济可持续发展

中国是易受气候变化不利影响的国家之一。近一个世纪以来，中国区域降水波动性增大，西北地区降水有所增加，东北和华北地区降水减少，海岸侵蚀和咸潮入侵等海岸带灾害加重。全球气候变化已对中国经济社会发展和人民生活产生重要影响。自20世纪50年代以来，中国冰川面积缩小了10%以上，并自90年代开始加速退缩。极端天气气候事件发生频率增加，北方水资源短缺和南方季节性干旱加剧，洪涝等灾害频发，登陆台风强度和破坏度增强，农业生产灾害损失加大，重大工程建设和运营安全受到影响。因此为保证中国社会经济中长期可持续发展，积极参与全球应对气候变化行动，减缓温室气体排放成为中国的必然选择。

在经济发展与碳排放不能显著脱钩的条件下，碳排放空间即为发展空间，而中国作为快速发展的新兴经济体，处于工业化、城市化进程之中，其碳排放仍然存在较大增长空间和较大不确定性。这一现实对中国未来的碳减排行动及碳市场建设构成了很大的挑战，重点体现在全国统一碳市场的核心要素——总量控制水平（配额）的合理设定上：如果总量控制水平设定过低，那么将限制中国经济的中长期可持续发展，而如果总量控制水平设定过高，那么碳市场机制的建立将不会起到遏制碳排放增长的作用，同时造成巨大的制度运行维护成本浪费。根据国内学者相关研究，中国有可能在 2030 年前后达到碳排放峰值（何建坤，2011；中国工程院项目组，2011；王伟光和郑国光，2014），但这一预测结果将受很多不确定因素的影响，包括经济发展趋势、经济结构、产业结构、能源结构、减排技术发展等（何建坤，2013）。

目前中国 2020 年之前的减排目标是以强度目标形式设定的，因此未来碳市场配额的设定可与强度目标相挂钩（李继峰和张亚雄，2012），既能降低单位产出的碳排放量，又给经济增长保留较大的空间。2020～2030 年是中国的碳排放目标由强度目标向绝对总量目标的过渡时期，在此期间经济发展仍然面临一定的不确定性，配额的设定面临一定的困难。在 2020 年之后如果短期内立即进行大力度减排，未来峰值将较早出现，然而这样不利于经济的短期平稳增长，而且碳排放一旦达峰，在此之后碳排放只能平稳递减，这意味着我国未来碳排放空间天花板的过早出现，间接地为未来碳排放空间设定了偏紧的排放上限，从这一角度看应尽量推迟碳排放达峰。但是如果 2020 年之后碳排放仍然保持快速增长，为保证 2030 年碳峰值的出现，意味着 2030 年之前的短期内我国需要进行大力度的减排，进而有可能对 2030 年之前的经济造成较大冲击，因此从这一角度看我们应提前部署，使碳排放 2030 年平稳达峰，而避免突击达峰。既要逐步给出碳排放的绝对总量目标，又要保证经济足够的发展空间，双重目标使得配额的设定比较困难，而未来的不确定因素使得这一问题更加复杂（范英和莫建雷，2015）。

基于上述现实，2020 年之后全国碳市场的配额可以通过"柔性"的总量目标设定：即在期初设定相对偏紧的绝对总量目标，同时配套动态碳排放空间（配额总量）事后调整机制——如果未来经济发展遇到重大不确定性事件的冲击，在对期初设定的减排目标重新评估的基础上应及时适当调整总体配额发放（范英和莫建雷，2015）。同时，这种柔性的动态反馈调整机制应以保证我国 2030 年碳排放达峰为前提，且这种反馈调节机制的启动条件及措施应当明确具体[①]，从而使市场参与者能够对未来的市场趋势进行准确判断[②]。

## 4.1.2 区域协调平衡发展

对于中国而言，区域间经济发展不平衡以及低碳发展水平差异显著是我国当前区域发展的现实状况（图 4-1）。这一点为我国开展区域间碳交易提供了机会，加大了全国总体减排成本的潜力（Cui et al.，2014），同时也对碳交易机制条件下如何保证区域均衡发展构成了挑战。

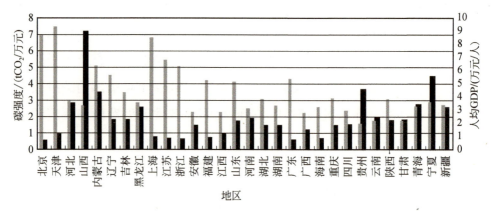

图 4-1　我国区域经济发展水平及低碳发展水平比较（2012 年）

注：未包括西藏、香港、澳门和台湾数据

---

① 反馈调节机制的启动条件可以通过碳价格阈值来设定，如当某一历史时期内平均碳价格超出设定的阈值水平时，即对配额分配总量进行调整；或者根据碳配额分配量与实际历史排放量比较的差值来设定，如当这一差值超过（或低于）某一阈值时，即减少（增加）未来配额发放量。

② 当前欧盟碳市场为应对未来的不确定性提出了市场稳定储备机制（MSR），然而这种机制与我们这里提出的碳市场反馈调节机制不同：前者由于给出了明确的总量减排目标，因此这种调整机制是在配额发放总量不变条件下对配额发放时间进行临时调整；而由于我国并没有给出明确的碳排放峰值的具体数值，因此根据未来经济发展条件仍然可以对配额总量进行调整。

碳市场建立之后，碳排放权将成为一种稀缺要素，并进一步衍生出巨大的稀缺性租金，而在不同区域间分配这一稀缺性租金（即区域配额分配）会产生显著的收入财富分配效应和结构调整效应，因而成为碳市场建立过程中面临的关键、敏感和最有争议的问题。碳配额分配完成后，碳交易将进一步导致区域间资本、劳动及能源要素的重新布局以及产业转移。碳交易导致的区域间人财物资源的重新分配有可能缩小区域间的发展差距，也有可能进一步拉大这种差距（Zhang et al.，2013）。而最终总体效果与区域经济特点、初期区域间碳市场配额分配方式、配额分配标准以及配额收入的返还机制密切相关（Zhang et al.，2013；Hübler et al.，2014）。

中国统一碳市场建立应该与我国区域发展战略和发展目标相协调，一个原则是应当通过统一碳市场的建立适当减缓区域发展不平衡问题，至少不能因为碳市场建立而加剧区域发展不平衡。若配额分配方式为免费分配，那么可以采取一定的分配基准（充分考虑人均 GDP 水平、人均收入水平、排放水平以及能源调入调出等特点）调整碳排放空间在不同区域间的分配，以将更多的稀缺性租金分配给欠发达地区；如果采用拍卖方式分配，则可以通过设计拍卖收入的返还机制从而对欠发达地区予以一定的补偿。另外也可以通过其他政策机制设计来实现这种调控，如碳市场抵消机制中项目来源地的要求，以及与碳市场建设相伴的税收政策调整等（范英和莫建雷，2015）。

## 4.1.3 低碳技术创新发展

低碳技术在未来中长期应对气候变化战略中将扮演关键的角色。首先，当前低碳技术发展会降低未来的直接减排成本，未来减排成本的降低将进一步提升未来减排能力和应对气候变化的信心。如能效技术能够通过提高化石能源的转换及使用效率而减少能源消耗，获得节能和减排的双重收益；可再生能源技术投资成本会因学习效应不断降低，使得减排成本不断降低；对于当前成本仍然较高的 CCS 而言，通过研发以及在实践中的不断使用导致的学习效应，未来的减排成本也将降低（Goulder and Mathai，2000）。另外，低碳技术发展诱导的综合技术进步能够促进未来的经济增长。渐进的技术进步能够通过提高其他要素（如劳动）的生产率以及资源的配置效率而促进未来经济增长，而未来不可预见的新技术的出现是未来经济持续增长的关键因素（Romer，1994；Grossman and Helpman，1994；Jaffe et al.，2002）。因此低碳技术发展能够带来促进减排和经济发展的"双重红利"（Sterner and Coria，2012），成为当前应对气候变化问题中非常重要的议题。

排放权交易机制作为一种市场激励型的政策工具，理论上其形成的碳价格信号能为技术研发与技术扩散提供持续不断的经济激励，使得企业主体自主地进行低碳技术投资（Stavins，2001），促进未来低碳技术创新发展。然而由于现实中碳市场机制设计的复杂性、低碳技术创新发展的较高风险和不确定性，碳交易机制对低碳技术投资发展的影响仍然有待于实证检验。EU-ETS 的已有经验表明，碳交易机制对低碳技术发展的促进作用非常有限，这主要与 EU-ETS 当前较低的碳价格及较大的不确定性有关，碳市场未来的不确定性不能为低碳技术投资者提供有效的价格信号激励，从而不利于推动低碳技术研发与扩散投资。另外，低碳技术创新与发展有巨大的外部溢出效应，其创造的社会总价值往往远大于为投资者个体带来的收益，这也在一定程度上阻碍了低碳技术的创新。对于中国的碳市场而言，应当优化碳市场关键机制的顶层设计，为低碳技术投资、创新与发展提供稳定、有效的长期激励机制，最终为以较低成本实现我国未来中长期减排目标以及我国产业向绿色低碳转型提供强大的技术支撑。

## 4.1.4 产业竞争力与结构调整

碳市场建立之后形成碳价格，最直接的一个结果就是导致隐含碳产品生产成本（或机会成本）增加（李继峰等，2013），且生产单位产品的碳强度越高，成本增加越显著。因此对于满足同样需求的可选商品束，某一商品碳强度越高，其市场竞争力受到碳市场的负面影响就越显著（Mo et al.，2012）。这种成本增加引起的相对竞争力变化将最终导致部分产品的市场份额减少，甚至被其他替代商品（包括国内替代产品及进口品）淘汰。这一逻辑有两层政策启示：一是对我国国际贸易的影响，二是对我国产业结构的影响。

出口在我国经济总量中所占的比重仍然较高（2013 年约占 GDP 总量的24.1%），同时出口产品中加工业、制造业、化工及纺织产品等所占比重较大（张纪录，2012），这些产品中隐含大量的碳排放（包括直接碳排放和间接碳排放）（陈迎等，2008；刘强等，2008；齐晔等，2008）。国内碳市场建立之后，这些出口产品的生产成本将显著提高，进而使这些产品在国际市场上的出口竞争力受到负面影响，并将进一步影响到该类产品的国内生产及就业（沈可挺和李钢，2010）。根据李继峰等（2013）的研究，在与发达国家引入相同水平碳价格的条件下，我国的产业竞争力受损比发达国家更加严重。因而从短期来看碳市场建立有可能对我国部分出口导向型的排放密集行业及其就业造成冲击。然而从中长期来看，碳市场的建立有助于推动我国出口导向型经济结构的调整，因此我们需要对长期经济结构调整目标与短期减排目标进行权衡。对于产业结构而言，碳定价政策将增加碳排放密集型行业产品的生产成本，降低其产品竞争力，其市场份额将逐渐被低碳产品所替代。碳市场为低碳产品和低碳技术提供了增长空间，因此长期来看将为我国产业结构向绿色低碳方向转型提供新的动力，但是短期内绿色低碳产业能否快速崛起以支撑我国经济平稳快速增长仍然有较大不确定性。因此我国碳市场的建立需要对长期产业结构调整目标与短期保持经济稳定增长目标进行一定的权衡。

为了解决上述潜在问题，在碳市场设计过程中需要在配额分配方面同时充分考虑特定行业的进出口及碳排放特点（范英和莫建雷，2015）。如欧盟在第三阶段的配额分配主要采取拍卖方式，但是对于一些容易受到国际竞争影响的能源及碳排放密集型行业则仍然采用免费配额分配方式或者以免费分配为主的混合分配方式，同时各成员国根据实际情况还可以进一步对部分行业进行财政补贴（European Commission，2013；CMS Cameron McKenna LLP，2009）。为了保持经济平稳，在碳市场建立早期我们需要对出口导向型的排放密集行业采取一定的保护措施，随着未来低碳绿色产业的发展而逐步减少直至取消这些措施。

## 4.1.5  中国碳市场设计的基本原则

鉴于碳市场与以上重大社会经济发展问题的高度相关性，我们建议全国碳市场的设计和实施应坚持以下基本原则。

1) 加强配额总量顶层设计，保证经济中长期可持续发展

中国碳市场配额总量的设定方式应与未来的经济增速及经济结构调整相协调，并有效应对未来不确定因素冲击。2020 年之前可以通过已有的 40% ~ 45% 强度目标来确定总量目标；2020 ~ 2030 年是由强度目标向绝对总量目标的过渡期，在此期间可设定相对偏紧且带有反馈调整机制的柔性总量目标，即在期初根据对未来排放趋势的判断设定相对偏紧的绝对总量目标，同时配套动态碳排放空间（配额总量）事后调整机制——如果未来经济发展遇到重大不确定性事件的冲击，在对期初设定的配额总量重新评估的基础上及时做出适当调整；如果未来实际经济增长显著超出（低于）当前预期，可在严格评估的基础上适当增加（减少）配额总量。而且这种反馈调节机制的启动条件及措施应当明确、具体，从而使市场参与者能够对未来的市场趋势进行准确判断。反馈调节机制的启动条件可以通过碳价格阈值来设定：当某一历史期间内平均碳价格超出设定的阈值水平时即对配额分配总量进行调整；或者根据碳配额分配量与实际历史排放量比较的差值来设定：如当这一差值超过（或低于）某一阈值时，即减少（或增加）未来配额发放量。同时应注意，这种柔性的动态反馈调整机制应以保证我国 2030 年碳排放达峰为前提。

2) 优化配额分配方案设计，促进我国区域协调均衡发展

中国统一碳市场建立应与我国区域发展战略和发展目标相协调，使全国碳市场发挥区域生态补偿和减缓区域发展不平衡的作用。建议通过优化碳市场初始配额分配、配额拍卖收入返还机制及其他配套机制等对西部欠发达地区予以一定的补偿。具体来说，若配额分配方式为免费分配，那么可以基于一定的分配基准（充分考虑人均 GDP 水平、人均收入水平、历史排放水平等因素）调整碳排放空间在不同区域间的分配，以将更多的稀缺性租金分配给西部欠发达地区；而如果采用拍卖方式分配，则可以通过设计拍卖收入的返还机制从而对欠发达地区予以

一定的补偿。另外，也可以通过对碳市场抵消机制中项目来源地的要求来实施这种调控，以加强对特定地区的政策支持。

3）处理好长期结构调整目标与短期保护产业竞争力之间的关系

碳市场的建立有助于推动我国中长期经济及产业结构调整，然而短期内有可能对我国的重点行业竞争力及出口就业造成一定冲击。考虑到经济平稳转型的要求，全国碳市场建立之初可对出口导向型的排放密集型行业采取一定的保护措施（如配额分配、税收调整等），随着我国绿色低碳产业的发展完善，逐步减少直至取消这些措施。

4）优化政策组合，推动低碳技术创新

低碳技术创新发展是实现我国中长期减排目标的关键。为发挥合理的价格信号对低碳技术的激励作用，建议在传统碳市场机制设计的基础上引入价格稳定机制，从而降低碳价格波动风险，并提高碳价格的总体预期水平。另外，目前除节能及能效技术的减排成本有效性较强，其他低碳技术（如风能、太阳能以及 CCS 技术等）成本仍然较高，支撑低碳技术发展所需的碳价格水平为 30~50 欧元/t $CO_2$（200~400 元/t $CO_2$）。然而我国目前碳交易试点价格在 20~70 元/t $CO_2$，平均约为 40 元/t $CO_2$。由于短期内支撑低碳技术发展所需的碳价格远远超出了我国当前碳试点的碳价水平，为充分促进低碳技术创新发展，我国建立碳市场的同时还应采取额外的低碳技术创新发展支持政策，如低碳技术研发补贴、投资补贴、低碳产品价格补贴、技术标准、产品标准等。这种混合政策机制能够在推动低碳技术发展的同时，避免碳市场对我国整体宏观经济造成短期的负面冲击。

# 4.2 明确碳市场在中国低碳发展中的战略定位

上一节的分析告诉我们，碳排放交易是基于市场的减排政策工具，在优化减排成本的同时，还与社会经济可持续发展、区域均衡发展、低碳技术创新发展、产业竞争力和经济结构调整直接相关。因此，对全国碳市场的设计应明确其战略定位及中长期发展路线，并纳入社会经济总体发展战略框架。

### 4.2.1 中国碳市场建立的历史和现实必然性

从国内来看，中国是世界上最大的温室气体排放国（BP，2012；IEA，2012），也是受气候变化负面影响最为显著的国家之一。为保持经济社会可持续发展，中国自身有减排的诉求。因此温室气体减排的共识已经形成，关键在于采取何种手段实现既定减排目标。

理论及实践中控制温室气体排放的政策手段有多种，包括行政命令型和基于市场机制的减排手段。虽然二者各有优劣，然而中国"十一五"期间通过行政手段为实现节能目标而付出的巨大代价促使我们寻求一种更加灵活、有效的方式来实现中长期的温室气体控制目标（Lo，2012）。而碳交易机制作为一种市场化的减排政策工具，相对于传统行政命令型政策工具的根本特点，在于其能够通过碳价格信号引导整个社会系统中成本较低的减排主体优先减排，从而保证在社会总体层面上降低减排成本；同时根据中国当前的发展阶段十八届三中全会提出要使市场在资源配置中起决定性作用，而通过碳市场对减排资源进行优化配置是这一要求的重要体现。上述两点是中国选择碳市场作为主要减排政策工具的重要国内背景。从国际环境来看，以京都机制为基础，市场化政策机制在温室气体减排的实践中得到广泛应用和推广，碳市场在近年来更是在越来越多的国家和地区减排实践中得到采用，如欧盟、美国、澳大利亚、新西兰、韩国等（IEA，2010；World Bank，2014），并取得了积极的进展。这些国际经验对于中国当前的政策工具选择有一定的积极影响。

### 4.2.2 碳市场应服务绿色低碳转型，实现低成本减排

过去三十年的高速经济增长模式是以大量的能源资源环境消耗为支撑的高碳增长模式，而在中国当前资源短缺、能源安全问题日益突出及环境容量已经达到或接近极限的条件下，经济需要尽快实现向绿色低碳方向转型。同时由于中国所处的发展阶段，为避免陷入中等收入陷阱，在实现经济发展转型的同时我国仍然需要保证一定水平的经济增速。因此在未来经济发展战略明确的前提下，关键问

题是能否及如何在实现碳减排目标的条件下保证经济平稳增长，即为实现碳减排目标中国需要为此付出的经济成本有多高：如果一种减排方案需要以牺牲较大的经济增速为代价，那么这种减排方案的可行性值得怀疑。碳市场机制的优势正在于此——通过优化空间及时间维度上的资源配置从而以相对较低的成本代价实现既定的减排目标，降低对经济的负面影响进而增强政策的可行性。碳市场实现成本节约功能的一个重要前提是不同地区、行业及主体间减排成本的显著差异，而中国区域间经济发展不平衡，同时行业间低碳发展水平存在较大差距，减排机会及减排可选方案差异较大[①]。因此，在中国建立碳市场存在巨大的交易潜力，为中国通过开展碳交易以降低减排成本提供了前提条件。

总之，一个国家或地区引入碳市场的初衷应是充分利用碳市场的资源配置效率优势，达到以相对较低的全社会总成本实现既定的温室气体控制目标。这一点也应该是中国建立碳市场的基本出发点和落脚点。

## 4.2.3 碳市场应定位为推动能效提高、促进能源结构调整和改善环境质量

中国不仅仅是世界上最大的温室气体排放国，也是世界上最大的能源消费国、最大的煤炭消费国和最大的石油进口国，同时环境容量已经达到或接近上限。因此中国当前不仅仅面临温室气体减排的国际及国内压力，同时亦面对能源安全与环境保护的严峻挑战，经济社会可持续发展面临的能源、资源和环境约束日益凸显。为此，中国不仅制定了2020年40%~45%的温室气体强度减排目标以及2030年的温室气体总量达峰及碳强度下降60%~65%目标，同时制定了能效及能源总量控制目标（2020年一次能源消费总量控制在48亿tce、煤炭消费总量控制在42亿t）、能源结构调整目标（非化石能源消费占比在2020年和2030年分别达到

---

① 欠发达地区往往比发达地区拥有更多的减排机会，如欠发达地区一般基础设施不完善，因此可在基础设施建设阶段对未来的减排计划进行设计，也可对已有设施进行改造，还可以在消费环节进行减排；而发达地区往往基础设施比较完善，一般只能通过基础设施改造和消费环节进行减排。欠发达地区更加灵活多样的减排方式往往使其具有较低的减排成本。

15%和20%）以及大气环境治理目标，并配套以相应的政策措施。而同时实现上述几个目标才能保证中国未来经济社会的可持续发展。

由于人为碳排放的很大一部分来源于化石燃料的使用，控制碳排放将倒逼形成化石能源消费约束。而在产业结构不变并保证经济增长的条件下，控制化石能源消费总量需要提高化石能源的生产使用效率，以及增加可再生能源在能源消费结构中的比重，这两者对于中国未来能效提高目标及可再生能源发展目标的实现，并进一步提高中国的能源安全具有显著的协同效益。另外，能源效率的提高及可再生能源替代将从源头控制污染物的排放，对于污染物减排及环境改善形成直接效益。

综上，由于碳减排的巨大协同效益，碳市场的建立将为中国能效提高、可再生能源发展及污染物减排提供重要的激励机制，是已有能效政策、可再生能源政策及环境治理政策工具的重要补充。

### 4.2.4 碳市场将为推动中国产业结构调整促进产业升级提供重要动力

中国当前的经济产业结构中，高能耗高排放行业（如传统制造业、加工业、纺织业等）所占的比例仍然较高，实现碳减排的一个重要方案是调整产业结构，压缩能源密集型和排放密集型产业在整个产业结构中的比例，增加高科技产业以及服务业的比例。碳市场的建立将为这种结构调整提供重要推动力。碳市场建立后，碳排放空间成为一种稀缺要素，碳价格随之形成，这将进一步增加碳排放密集行业的生产成本，且成本增加的程度正比于碳价格的水平以及行业产品的碳强度。在碳价格一定的条件下，行业产品碳强度越高，成本增加越显著，行业产品竞争力受到的碳市场的负面影响越显著，高碳产品的市场份额由于受到低碳替代产品的挤压逐渐减少，从而导致市场结构的调整。因此碳市场的建立将为中国未来产业结构调整促进低碳产业发展提供重要的激励。

### 4.2.5 碳市场是促进中国区域协调发展的重要手段

中国当前区域经济发展不平衡，尤其是东西部地区在经济发展阶段及居民收入水平等方面存在较大差距。一个重要的问题是如何在使西部欠发达地区实现减排的前提下保证经济发展，减小东西部地区的差距。碳市场建立的前提是确定总的碳排放空间，碳排放空间确定后，碳排放权因其稀缺性会使碳排放空间形成巨大的价值——稀缺性租金。稀缺性租金的大小取决于碳排放空间和碳价水平。由于中国碳排放基数非常大，碳市场的建立将形成巨大的稀缺性租金，而如何分配碳排放空间将形成巨大的财富分配效应。碳市场的另一个优势是对稀缺性租金的灵活性处理，通过起初的碳排放配额分配可以对西部地区在配额分配上进行一定的政策倾斜，从而加大对西部地区的补偿。

## 4.2.6 碳市场将为中国经济市场化进程提供动力

碳市场有效运行的一个重要的前提条件是碳价格信号能够在产业链上下游以及不同行业之间进行传导，最终使整个经济体达到一种新的均衡状态，各个行业以及同一行业的不同环节之间减排成本相等（等于均衡碳价格）。而市场条件不理想或市场化程度不高将导致市场价格信号传导受阻及市场价格扭曲，降低碳市场资源配置效率并增加减排成本。因此，整个经济系统的市场化程度直接决定碳市场的效率和效果。电力行业是中国最大的温室气体排放部门，但电力市场仍处于市场化改革进程之中，电力上网的调度机制不够灵活，同时电价的形成仍处于政府管控的范畴。因此如何将电力行业纳入碳交易体系是中国碳市场建设面临的一个重要挑战。

为了促进电力消费端减排，短期内将发电企业（直接排放）纳入交易体系的同时纳入主要电力消费主体（间接排放），可在一定程度上解决碳市场价格传导受阻导致碳减排激励覆盖范围不完整的问题。但是这一方案在推向全国碳市场时存在诸多问题，如碳排放的双重核算以及增加碳市场机制的交易成本（测量、报告及核查（MRV）成本等）。中长期来看，为保证碳市场有效运行，中国需要加快电力行业的市场化改革进程，尽快理顺电价形成机制，使电力价格和碳价格能够有效联动，最终使碳市场机制在中国碳排放最大的行业内真正发挥降低减排成本的作用。

### 4.2.7 碳市场为促进中国低碳技术创新发展提供有效激励

低碳技术创新发展是实现中国未来中长期低成本减排的关键，也将为中国产业结构向低碳转型提供强大的技术支撑。欧盟碳市场的已有经验表明，碳交易机制对低碳技术发展的促进作用非常有限，这主要与 EU-ETS 当前较低的碳价格及较大的不确定性有关。

为完善碳市场机制设计，促进未来低碳技术投资与发展，有两种可选方案：一是在传统碳市场机制设计的基础上引入价格稳定机制，并通过多种政策手段为碳市场的价格设定最低下限，从而降低碳价格波动风险，并提高碳价格的总体预期水平；二是专门制定针对促进低碳技术创新与扩散的政策体系，如低碳技术研发补贴、投资补贴、低碳产品价格补贴、技术标准、产品标准等，为低碳技术发展提供额外的经济与政策激励。根据国内外已有研究，目前除节能及能效技术的减排成本有效性较强，其他低碳技术（如风能、太阳能以及 CCS 技术等）成本仍然较高，支撑低碳技术发展所需的碳价格水平仍然较高，在 30 ~ 50 欧元/t $CO_2$（200 ~ 400 元/t$CO_2$）以上。然而我国目前碳交易试点价格在 20 ~ 70 元/t $CO_2$，平均仅为 40 元/t $CO_2$。因此对于中国碳市场而言，如果为促进低碳技术发展而立刻设定过高的碳价格下限，短期内会显著增加重点排放企业的减排成本负担并有可能对中国经济产生较大的负面影响。考虑到经济发展仍是中国当前的主要任务，短期内统一碳市场不宜采用过高的碳价格下限机制来促进低碳技术发展，而在可接受的碳价格下限水平下辅以额外的低碳技术创新发展支持政策的组合政策机制是一种更为可行的方案。而其中的关键问题在于政策组合的优化与协调。

## 4.3 加强中国碳市场的制度环境建设

### 4.3.1 进一步完善碳市场相关立法

碳市场由于其人为推动的属性，对法律法规高度依赖。健康高效的碳市场需要完善的立法，对包括碳排放数量控制、碳排放配额管理、碳排放权交易、碳排放报告核查及处罚等进行约束。完善立法对碳市场建设最直接的好处是加强碳市场的运行效力，提高市场的活跃度。

首先，通过加强立法可以增强碳市场的约束力，对于被纳入碳交易体系的企业来说，强大约束力可以增强企业履约的压力。例如，深圳在碳市场立法中规定对未完成配额清缴义务控排单位的违规碳排放量处以碳配额市场均价 3 倍的处罚。长期有效的法律约束，可以增强企业对未来控制温室气体排放的预期，有利于从企业发展战略层面制定长期可行的减排方案。

此外，完善立法可以降低碳市场运行中可能出现的不确定性，从而降低参与碳市场的风险，最终吸引更多的投资机构参与到碳市场当中。例如以立法形式对碳市场的碳排放配额管理进行规定，可以有效降低未来配额分配、管理发生变动的可能性，从而降低由于配额变动而带来的市场风险。随着市场风险的降低，更多投资机构等能够更加积极主动地参与到碳市场中。

最后，通过完善立法可以有效避免碳市场运行中可能出现的问题，提高碳市场运行效率。完善立法可以提高公信力和执行力，使碳市场更加良好的运行。中国尚没有针对试点 MRV 方面的立法，只有各试点出台的地方管理规定。这些管理规定在实施过程当中缺乏约束力和执行力，因此可能出现无法实施的情况。例如广东等试点在 2014 年初出现部分排放单位不配合的情况等。如果有相关法律依据作为支撑，则能够避免或减少这种情况的发生。完善立法也可以提高面对潜在风险的应对能力。例如目前没有针对黑客攻击的规定。虽然目前没有发生针对碳交易平台的黑客进攻的发生，但随着交易的活跃以及市场的扩张，这种情况难以避免。如果有相关的法律规定对这些行为进行约束，则未来能够有效减少这些问题发生的概率。

碳市场在立法时需要注意以下几点：

首先，碳市场立法需要自上而下进行顶层设计。根据 EU-ETS 经验，碳市场在管理方面既需要有顶层指导和约束，也需要下层的相关管理和规定。从中国的情况来看，在国家层面需要对碳市场有明确的法律法规约束，即使不对碳市场进行立法，也需要对各碳交易试点立法制定相关的指导和规定等。通过上层的指导，一方面可以增强各试点碳交易管理的规范性，减少试点碳交易约束不合理等情况的发生；另一方面也可以将试点碳交易法规标准化，减少不同碳试点之间的差异性，在链接的时候能够更加顺利平滑，最终为未来建立全国统一碳市场打好基础。另外，还需要注意碳交易相关法律法规与外国其他相关的法律法规之间的配套衔接问题，并考虑参与全球碳市场方面的规范和指导。

其次，碳市场应当建立健全完善的法律体系。通过建立健全完善的法律体系，一方面能够扩大碳市场的覆盖范围，对碳市场中的更多要素加以约束；另一方面可以提高碳市场法律的执行效率，避免边缘地带的出现。此外，还可以通过与其他已有成熟法律法规的链接，避免由于缺乏实践经验而出现法律不成熟的情况，同时节约碳市场当中的社会成本。根据 EU-ETS 的经验，碳市场的法律体系分成基本法律制度、技术法律制度以及市场监管法律制度等。从中国的角度来看，可以将碳市场相关立法分成国家层面与温室气体控制、碳市场建设相关的战略性法律，涉及碳市场相关要素，包括配额分配、交易产品界定等技术细节的技术性法律，以及致力于提高市场运行效率的市场监管法律。

## 4.3.2 完善碳市场监管制度和风险控制机制

市场监督应该以交易所为核心，采取内外兼顾、分层次的监管模式。碳交易市场具有高度虚拟性与高度金融化的特点，对整个市场交易过程具有严格的信用要求，需要严格、全面、系统的交易监管体系。根据 EU-ETS 的经验，监管机构由三个层次组成：欧盟委员会负责制定监管的法规，监督市场的运作，防止市场滥用以及其他可能导致市场价格扭曲的市场违规行为；欧盟独立交易日志（CITL）电子系统用于注册并记录发行、转让和清除指标，是配额分配、交易和清缴的基础；其他地方性环保和金融管制机构负责温室气体排放权限实施方案的实施、企业年度排放报告的指导和审核等工作。这三种监管机构相互衔接，职责、层次分明。中国各试点也出台了相应的市场监管和风险管理方面的文件，如深圳试点的《深圳碳交易市场监督管理细则》，其中，对交易机构、交易主体、交易活动、禁止行为、交易价款及收费、交易信息、法律责任等方面进行了详细规定。从这个角度来看，中国在市场监督机制设计中，交易所层面的监督工作已经取得了一定进展。但是另一方面，交易所监管、政府监管、金融监管机构的对接工作，目前开展得还不成熟。地方主管机构需要积极发挥政府机构在市场监管中的作用，出台明确的法律规定，确立既有分工又相互配合的监管机制，即由发改委牵头并指导，交易所监督市场运作、防止市场滥用以及其他市场违规行为，形成监督、检查和问责的长效机制。

另外，试点中的环保、金融等机构也应该积极与碳市场对接，在碳市场中承担相应的工作，通过对接能够有效降低市场成本，提高市场运行效率。

从交易所监管来看，内外兼顾依旧是最需要考虑的问题。EU-ETS 主要交易所内部都设立专门的监察部门对其业务进行监督，外部则与众多的官方机构保持监督合作；同时，政府市场监管部门在交易所内设立专门的监察部门并派驻监察人员，对交易价格和交易量上发生的异常波动进行监察。交易所的核心职责是对交易行为进行核实，防止出现市场操控并保证交易的持续性和准确性。目前，中国需要及时出台相关管理规定，并在交易所内部设立专门的监管部门，在内部对交易从业人员、交易业务以及交易主体进行监督，在外部与政府主管部门、金融监管部门建立沟通制度，接受主管部门的指导和监督，使交易所监管的内外方面都能形成系统，提高监管效率和能力。考虑到各地方交易所由于行政区域划分可能导致监管标准不一、机制失灵等问题，政府应该在完成本地区监管机构的同时，建立各地区联动机制，使得碳交易的监管超越行政区域。

信息披露是另外一项需要考虑的问题。首先信息披露需要及时，能够在第一时间反馈有效信息。例如北京作为第一个完成其实施方案的试点，到 2014 年中为止，相关方案内容均未公布。其次，信息公开的数量和质量需要加强。绝大部分试点仅公布了实施方案和管理办法等宏观方面的规定，而对其他碳交易系统机制内容的关键信息，如参与试点的企业名单和联系方式、历史排放数据盘查及第三方核查结果、总量水平和考量要素、分配公式和分配结果、MRV 机制等信息公开不足。此外，信息公开也需要明确公开社会监督途径和机制。

最后需要注意的是一级和二级市场的市场监管。由于目前中国碳交易市场处于早期培育阶段，配额以免费分配为主，因此二级市场是主体市场。由于现货交易的特点，市场透明性等都受到限制。欧盟的二级碳现货市场目前还是一个缺乏监管的市场，对市场透明度以及对内幕交易、市场操纵均未作明确要求。这些问题可以通过将碳现货市场纳入金融监管范畴来解决。EU-ETS 正是通过这种方法对二级市场进行监管的。将二级现货市场纳入金融监管的范围，有三点原因：一是现货市场监管缺失，却增长迅速，很可能成为洗钱等犯罪活动的目标对象；二是由于现货市场与衍生品市场相关性很大，监管尺度不一可能导致跨市场套利的情况出现，例如利用现货市场的内幕消息在衍生品市场获利等；三是碳衍生品市场的市场份额远远大于碳现货市场。监管规则统一之后，所有的市场参与者均不允许通过散布虚假消息获利，拥有大型设施的企业将不允许通过生产、排放情况等内幕消息获利。同时，碳市场的透明度将得到提高，反洗钱的安全措施将拓展到碳市场的所有领域。欧盟除了将碳市场纳入金融市场的监管范围外，还积极与《市场滥用法规》《反洗钱法》等进行对接。由于这些需要长期且成熟的市场运作，因此在这里我们不做更多讨论。

在风险控制方面，中国各试点交易所大多参考了证券交易所或大宗商品交易所的风险控制制度，如通过限制涨跌幅、限制配额最大持有量、实行大户报告制度、风险警示以及准备金、结算担保金等必要的风险控制制度，维护市场稳定，防范市场风险。在目前中国碳市场运行时间不长、各项监管及风险控制制度不够健全的情况下，参考证券和大宗商品交易所成熟的风险控制制度是有必要的，但必须确保碳市场具备一定的流动性。中国各交易试点存在交易品种匮乏、交易主体单一等情况，交易品种只有配额现货，交易主体主要是被强制纳入碳交易范围内的企业，市场流动性不足。如果仅有交易所和排放企业参与，一旦排放配额的实际需求和供给在排放企业中间达到平衡，ETS 的交易将可能面临停滞的风险。因此积极开发碳金融衍生品、扩大交易主体范围和市场开发程度是提高市场流动性的重要手段，当市场具有良好的流动性时，才能够有效地实现碳交易的风险转移和分散。

## 4.3.3 积极开发碳金融衍生品

碳金融衍生品主要指碳交易期货等交易产品。通过开发碳金融衍生品有以下几点好处：

首先，碳交易期货市场对现货市场存在明显的价格发现机制。依据欧盟碳交易市场经验，无论是在第一还是第二阶段，碳交易期货价格与现货价格序列之间均存在显著的长期均衡的互动关系。碳期货市场比现货市场的价格滞后效应随着交易方的增多，投资机构的逐渐参与，在欧盟碳市场的发展中逐渐降低；碳期货价格对现货价格变化的短期影响比现货价格对期货价格的影响更为明显。

其次，碳期货交易的信息公开性的特点，有利于增加市场透明度，提高资源配置效率。碳期货交易过程实际上就是综合反映供求双方对未来某个时间供求关系变化和价格走势的预期。期货市场产生的价格更具真实性，这就决定了碳期货市场建立以后，碳交易市场管理部门可以依据来自期货市场的价格、交易量等信息对未来的碳交易价格进行准确的预测，提高资源配置效率。

再次，从企业的角度，碳期货市场的发展有利于碳交易企业规避风险。在碳期货市场上，碳交易的双方可以通过比对期货价格与现货价格之间的差别，对各自期货合约和现货合约进行调整，预先进行套期保值，以规避现货价格风险。现货企业也可以利用期货做套期保值，降低企业运营风险。由于期货交易保证金制度的杠杆效应，交易者可以用少量的资金进行大宗的买卖，节省大量的流动资金。

而且，从市场管理的角度，碳期货市场也可有效控制风险，稳定碳交易市场的发展，并与未来能源市场有效连接。从欧洲和美国的经验看，与成熟的电力市场和其他大宗商品市场类似，碳排放权交易的价格发现、排放企业的配额套期保值和风险管理，都需要期货市场发挥功能。例如，成熟电力市场中的电力企业需要用期货及衍生品市场来管理原料投入（油、天然气、煤炭等）和产出（电力）的价格变动风险。同样，碳市场中的配额供需企业，也需要用期货市场来管理二氧化碳排放配额的买入和卖出风险。

最后，碳期货交易可以增加市场的流动性。开展碳期货交易其衍生化和杠杆效应也会提高投机者的参与兴趣，从而增加碳交易体系的流动性，保持碳交易体系的健康，并促进低碳金融服务业的发展。碳期货交易的商品标准化和信息连续的特性，可以促进现货市场的运行。由于期货合同交易被视为一种较现货交易更为复杂的金融工具，因此中国的碳排放交易试点将以现货合同交易为基础开始运行。事实上，与其他大宗商品不同，碳排放权本身已经是标准化的虚拟产品，因此排放权交易的衍生化不存在任何技术障碍，相反它的信息连续和可预期的特性，会促进现货市场的顺畅运行。

从中国碳市场建立之初，碳期货相关的设计和研究就从未停止过。上海期货交易所甚至在未开展碳排放权交易试点的 2010 年之前，就尝试进行了碳期货相关的初步研究。2012 年底，证监会副主席姜洋提出"中国碳交易市场应以现货交易为主，同时开展碳期货的可行性研究"。证监会从 2012 年开始组织各期货交易所加强对碳排放权期货以及衍生品的研究论证，并且专门建立了"碳期货可行性研究课题组"。碳排放权交易试点市场启动后，碳期货可行性研究课题组组织到广州交易所集团等调研，开始探索碳期货与碳现货市场对接问题。

2014 年 5 月 9 日，国务院印发了《关于进一步促进资本市场健康发展的若干意见》，被称为"新国九条"。相比于 2004 年的"老国九条"（《关于推进资本市场改革开放和稳定发展的若干意见》），"新国九条"大大增加了期货市场的篇幅，其中第十五条提出了要"继续推出大宗资源性产品期货品种，发展商品期权、商品指数、碳排放权等交易工具"，这对于 2013 年开始形成的中国碳排放权交易市场来说无疑是一个极大的利好消息。

除了期货之外，还有很多其他与碳市场相关的金融产品，如绿色债券、碳票据等。但是这些金融产品由于缺乏实践经验，无论是在中国碳交易试点还是 EU-ETS，其对碳市场的影响无法预知，而且目前还无法实现碳市场中的大规模推广。因此在这里不做过多介绍。

碳期货等金融产品的发展取决于国家金融体系的发展程度。中国碳市场发展起步较晚，市场规模较小。除了存在金融体系本身的问题外，还面临创新性不足、金融机构参与积极性差、监管体系和信用机制不健全等一系列问题。发展国内碳期货可以考虑从以下四方面进行推动：①完善法律框架并提供政策支持，为碳金融市场的发展提供法律依据和相关扶持；②建设碳交易平台并不断完善交易制度，有效整合资源和信息；③完善监管机制、加强监管工作，并且强化风险控制；④创新投融资方式和金融工具，其中包括开发碳期货、碳期权、碳交易保险等衍生工具，并设立基金增强市场流动等。

碳金融发展进程应和中国金融体系对外开放进程相适应。一方面，不能早于金融体系对外开放进程，应防范与现有国际金融体系的过度结合。国际碳金融市场规模日益壮大，这得益于其规模化的交易场所、广泛的金融参与主体、多样的金融产品、以及有效的法律和市场监管。中国金融体系起步较晚，存在监管力度不足、风险防控与管理能力缺乏等问题。如果碳金融发展进程早于金融体系对外开放进程，不仅无法促进金融体系的国际化，其自身发展也将面临多种金融问题的威胁，包括导致碳市场沦为投机商的赚钱工具等。另一方面，中国碳金融发展不应落后于金融体系对外开放过程。碳市场全球化趋势已经显现，而碳市场金融化也是大势所趋。为了能够在国际碳市场及国际气候谈判中把握主动，碳金融体系应在理性程度上尽可能开放。

## 4.4　加强碳市场与不同政策工具之间的协同增效

由于经济-能源-气候-环境系统的整体性和强关联性，对一个系统的发展目标规划及其政策干预往往需要充分考虑对其他相关系统的发展目标及政策效果的直接和间接影响，将经济协调可持续发展与应对气候变化、保证能源安全及改善环境质量目标有机结合起来。具体来说，经济发展目标的制定及相应经济政策的取向（保守或激进）应该充分考虑当前及未来能源供给的可持续性，当前及未来一段时间环境容量限制，以及国内外温室气体排放空间的约束。能源目标（包括总量目标和结构目标）的制定要充分考虑未来经济增长潜力，本国的能源禀赋，国际能源市场的供给，环境及气候的约束等。气候目标的设定及政策工具要充分考虑未来经济增长对碳排放空间的需求，非化石能源的发展目标及其支持政策，以及环境容量约束，而且不同地区及部门之间如何分配减排任务应该相互协调；而环境目标的设定一般以避免对生态系统及人体健康造成显著负面影响为原则，在政策实施上应充分权衡经济发展阶段特点，充分考虑能源目标和气候目标对污染物排放的间接约束。

对于碳市场设计来说，未来需要从以下五个方面加强顶层设计，使得政策目标之间相互协调，政策工具之间协同互补。

1）协调总体排放目标与经济发展目标

经济增速与经济结构调整决定了中国未来碳排放的增长潜力及对碳排放空间的需求，中国未来总体排放目标的设定应紧密结合中国未来的经济发展潜力与经济转型趋势，将未来排放潜力与碳排放空间需求的预测建立在经济发展新常态的条件下。具体来说，中国经济目前处于由高速增长向中高速增长调整的换挡期，对未来排放空间的预估应以这一基本现实为前提，从而使得对未来碳排放趋势的判断及减排目标的制定符合中国的现实情况。

2）协调减排目标与能源环境发展目标

除考虑经济发展趋势及目标外，中国未来总体减排目标的设定应充分结合能源发展与生态环境治理的目标，准确估计能源绿色低碳转型与生态文明建设对未来排放形成的隐形约束。具体来说，中国当前能源安全与生态文明环境保护面临前所未有的挑战，保障能源安全与生态文明建设的重要性被相应提到了前所未有的高度。由于能源利用与碳排放，以及污染物排放与碳排放的强相关性，碳排放目标的设定需要以这一现实背景为基础。

3）协调碳市场覆盖主体与覆盖范围之外主体减排目标

由于碳市场机制设计的复杂性，考虑到现实可行性及成本有效性等问题，碳市场机制往往不能够覆盖所有的排放源。根据国际经验，目前碳市场主要覆盖行业包括重点行业的重点企业，如电力、钢铁、水泥、化工、造纸、玻璃等行业的一定规模以上行业，对于其他行业以及规模较小企业往往不能完全覆盖，因此需要引入其他政策工具对未覆盖排放源进行约束，如碳税政策。对于这种情形，首先需要根据两类主体的特点对各自的减排目标进行协调，以使得二者总的排放不超过全国的总排放目标。其次应合理设定碳税水平，理论上碳税水平和碳市场价格相当的条件下，全国总体减排成本最低。然而能否达到这一理想状态，取决于前期两类主体减排目标的合理分担。最后，还应协调碳市场覆盖主体和碳税覆盖主体之间的公平性，尤其是在期初碳市场配额免费分配的条件下，如何通过税收调整使得二者成本分担相对公平需要慎重处理。

4）协调覆盖同一主体的多种减排政策

在中国碳市场的政策制定实践过程中，要充分考虑多重政策并行作用同一主体对减排效果的累积叠加作用。具体来说，如果能效提高和节能目标以及可再生能源发展目标的实现已经达到或接近达到预定的温室气体减排目标，此时碳市场配额价格将持续低迷，碳市场优化减排资源配置的作用非常有限。由于碳市场建设需要耗费巨大的人力、财力及资源成本，如果碳市场的成本节约潜力不能被充分挖掘，此时碳市场引入的必要性将值得商榷。在碳市场覆盖主体及减排目标已经确定的条件下，未来能效目标、可再生能源目标的设定需要充分考虑碳减排目标的设定，避免后两者政策目标的实现导致碳市场运行的崩溃。

5）清晰定位不同政策工具的优先级

在多重政策目标的条件下，虽然多种政策工具并存，但其功能与地位是不完全对称的，有些目标具有全局性和统领性，而有些目标则具有一定的附属特征。如碳排放控制目标的主要实现途径包括控制能源消费总量以及增加非化石能源比例，因而推动碳排放目标的实施就会同时推动节能目标与非化石能源比例目标的实现。因此虽然从各个目标本身来说三者可能同等重要，但从政策执行的角度看，对于不同的目标要有不同的定位，在政策实施的着力点上有所侧重。具体来说，应将全局目标和统领性目标作为根本目标，而其他目标则会由于政策协同作用而自动达成，或者只需较小的额外政策工具即可达成。

# 4.5　政　策　建　议

## 4.5.1　制度设计层面

1）碳排放总量目标的设置方面，国家和省市层面应做好顶层设计

"No Cap，No Trade"，碳交易的发生要以总量控制目标为前提。构建碳排放交易体系的第一步是使交易对象——碳排放权稀缺化，能否准确设定总量，对于这个市场的形成至关重要。主要的国际碳交易体系都对排放体系覆盖的区域和行业设定了总量控制目标。与欧盟较为成熟、平稳的经济发展阶段不同，可预见的一段时间内，中国仍处于中高速发展阶段，总体进入后工业经济增长向知识经济过渡阶段，在碳排放总量控制目标设置上，可以借鉴加拿大及美国等类似区域。如加拿大阿尔伯塔省的"特别温室气体排放源法规（SGER）"将碳排放峰值锁定在2020年，将CCS等中长期技术开发纳入整体控排策略，近阶段仍以鼓励能源产业发展为目标。与美国加利福尼亚州实现互联的魁北克省也承诺在排放总量逐步下降的前提下，允许工业企业在碳排放强度控制达标的基础上扩大生产，为此会通过制定相应策略压缩交通和建筑等其他领域排放份额。在地方宏观碳排放总量控制的整体策略支撑下，加拿大以及美国加利福尼亚州的控排机制均未对控排企业的排放总量做出限制，而是采用强度控制模式，并且认为这种控制方式对处于发展阶段的产业和经济体更为适用。

随着中美达成双边碳减排协议，中国能源消费总量和碳排放总量双控制模式将逐步走向深入，与此同时，随着国家大气污染防治行动计划、水污染防治行动计划、土壤污染防治行动计划的陆续出台和实施，主要工业行业的发展也将得到更为科学、更为系统的规划和监管。为此，建议从国家到地方，在进一步拓展碳排放交易试点研究和实践的同时，加强宏观层面能源消费和碳排放总量的规划研究，综合发挥如可再生能源发展目标、能效提升目标、传统污染物减排等政策目标对碳交易体系所能发挥的协同促进作用，在区域层面建立中长期碳排放总量控制目标，并因地制宜制订符合自身发展规律及实际的绿色、低碳发展路线图，为更好地开展下一阶段的碳交易工作做好顶层设计，同时创造良好的政策环境。

2）配额分配方面，建议加快推广基准线法

以何种分配方式，按什么原则在企业间分配碳排放配额也是碳排放交易机制设计中关键的环节之一。不同行业的属性不同，减排的技术选择、潜力及成本都存在差异。如何以发展和减排、公平和效率等原则，兼顾行业差异乃至在全国或全球碳排放交易体系中考虑到区域差异，以此来分配排放配额是一个非常复杂的问题。

从上海碳交易第一年运行情况来看，采用历史法发放配额的行业，在第一年试点推进期间，部分控排企业出现由于配额高估，企业未做任何减排努力仍从结余配额中获利；部分企业则由于基准年份生产低迷，配额低估，不得不为生产经营的好转而付出更多代价。相比之下，采用基准线法分配的行业，可以有效避免业务量波动造成的配额偏差，能够更好地体现碳交易机制公平、合理的市场化导向，特别对于外向型产业，可以免受外部市场影响而出现的由业务量波动造成的配额发放偏差较大等问题。充分吸取这一强度控制模式的经验，建议在碳交易试点的下一阶段，探索推进分领域、分产业区别化控制模式，对于高耗能、高排放、低产出行业，建议延续使用总量控制模式，并逐步收紧排放总量要求，对于鼓励发展的先进行业，建议探索引入强度控制模式（包括对于新增项目），同时推动从相对简单的企业自身排放强度控制模式，逐步过渡到较为理想的行业基准线法、甚至国际标杆值管理模式。当然，实施基准线法在部分行业会与以法人企业作为控排对象形成矛盾，针对此类行业或企业，建议先行选择主要排放工艺或设备进行重点约束。需要注意的是，推进区别化控制模式的前提是，需要在宏观层面加强碳排放总量控制的整体策略研究，在宏观总量控制政策引导下，为先进产业、行业的发展留足空间。

3）MRV 建设方面，建议强化 MRV 方法学的全面性和引领性

准确的数据是设定总量控制目标的前提，也是碳交易体系成功设计和执行的基石，一个完善的可监测、可报告、可核证体系是提高数据质量的根本保障。同时 MRV 方法学也应该对推动企业追求效率提升、引领行业进步发展提供指引。基于上海碳交易试点实践，具体建议：①补充行业及产品 MRV 方法学指南，以化工行业为例，目前上海化工行业温室气体排放核算与报告方法中，针对过程排放，仅考虑了初级石油化工产品、氨气、电石、二氧化钛、纯碱等生产过程中产生的 $CO_2$ 排放，对聚乙烯醇等产品或副产品生产过程的工艺排放未做规定；对石化行业普遍存在的以甲烷或氧化亚氮形式排放的温室气体也未做要求；建议在上海碳交易试点的下一阶段探索中，对以化工行业为代表的 MRV 方法学做出补充、完善，充分吸取本次碳核查的经验，对缺失的排放种类进行补充。②补充不同核算方法，针对环氧乙烷、丙烯腈、炭黑等生产过程排放的计算（此类产品单一、工艺独立的行业未来均可纳入基准线法配额分配范围），方法学仅规定了根据产品产量和 $CO_2$ 排放因子进行计算的方法，并不能够体现方法学的全面性，和对先进工艺的鼓励和引领性。建议下阶段除利用排放因子法，还应探索补充利用物料平衡计算过程排放的方法学，从而有利于引导相关企业关注过程排放，在提高生产工艺效率基础上，减少各类污染排放。

对于报告及审核流程，建议适当提前第三方核查机构介入时间，据了解，目前大部分试点企业已针对碳排放的 MRV 建立了内部月报制度，特别是对于排放量大的企业，建议适当增加报告或核查频次，如半年报，以便降低数据偏差风险，减少年末集中核查工作量。同时建议以机制确保核查机构的独立性，适当提高不同核查机构对不同行业、企业开展核查的交叉度，同时对核查机构开展持续的培训、考核和同行评价，不断提高核查机构的专业能力和业务水平。

## 4.5.2 碳市场运行的有效性层面

1）在提高碳市场的流动性方面，建议适当增加企业对配额的持有成本

从碳市场的表现来看，由于中国构建碳交易市场的政策信号尚不明确，未来碳市场存在很大的不确定性。由于所有试点省市都允许免费存储配额，即使企业当年有多余的配额，也可能倾向于拿来对冲未来的风险。因此，一方面，从中长期来看，为了给管控企业制造一个稳定的预期，国家应该尽快明确构建碳市场的时间表和技术路线图；从近期来看，上海的做法值得借鉴，选择一次性发放三年的配额，企业对整个试点期间每一年的配额都有一个准确的把握，有利于合理规划每年的减排行动和交易计划。另一方面，应适度考虑增加企业对配额的持有成本，让企业尽早进入市场参与交易，同时避免在前两个履约期出现供不应求和试点结束的最后一个履约期出现供过于求的不稳定状况。

目前大部分试点省市除纳入管控企业外，还允许个人和机构投资者进入市场。多主体纳入对于提高碳市场的流动性具有非常重要的作用，但是碳排放交易的设计初衷是为了能更为有效地推动企业减排，如果市场上的交易行为主要集中在个人或投资机构之间，可能会给市场带来过多的投机者并对市场的价格造成较大波动，不利于碳市场的健康成长。因此为规范市场参与者的交易行为，建议可设立相应的调控机制，如最大持有量，一次性最大交易量等，以促进碳市场健康、规范发展。另外，值得一提的是，美国排污权交易系统中对每一份配额都分配了一个 12 位数字的唯一标识，中国湖北碳交易市场也设计了复杂的配额编码制度。配额编码制度有利于对每一吨配额进行追踪，随时跟踪和把握配额的交易情况和去向，提高配额管理的规范性。

2）在 CCER 机制设置方面，建议兼顾审慎性和激励性两项原则

一方面，建议合理、审慎引入 CCER。目前 7 个试点均允许一定程度的抵消机制(5% ~ 10% 不等)，部分试点为了鼓励本地减排，对 CCER 的产生范围做出了相应的规定。CCER 的引入无疑会增加市场供给，目前，中国自愿减排交易信息平台上累积公示的 CCER 审定项目预计减排量达到了数千万吨，在国家发改委举行的 CCER 项目减排量备案审核会第一次会议上，通过备案的 CCER 约有 500 万 t，而从首年履约的五个试点省市来看，在碳市场上进行交易的累计成交量也仅 700 多万吨。可见，CCER 的进入将会对碳市场的流动性和价格产生很大的影响。如果大量 CCER 涌入，市场整体供给过多，可能导致配额交易和 CCER 交易价格竞争的局面，同时也可能出现类似欧盟市场 CER 价格低迷的现象。因此，在引入 CCER 时，

一方面在 CCER 的类型选择上应优先鼓励可以避免环境、政策风险的高质量 CCER 项目；二是合理设定 CCER 的购买规则和机制，如购买门槛、单次最大购买量和购买频率等；第三，引入市场调节机制应对由于 CCER 带来的价格剧烈波动。

另一方面，建议适当鼓励更多没有被纳入碳排放交易试点且具备减排潜力的企业积极减排并参与交易，具体可考虑与国家及地方大气污染防治行动计划、水污染防治行动计划、土壤污染防治行动计划等实施推进紧密结合，鼓励各地探索开发抵消项目评估和认证机制，将中小燃煤锅炉及炉窑的清洁燃料替代、新能源汽车发展、绿化碳汇、农业面源污染防治等兼具节能、减排及低碳发展效益的项目纳入抵消范围，为各地控排企业以外的企业和机构推进减排、参与碳市场提供有利途径，同时也有利于进一步提升国家及各地低碳相关咨询、服务机构的整体实力。

3）在碳市场信息公开方面，建议提高透明度

目前，各交易试点仅公布了配额分配的一些基本原则和方法，对单个控排企业的分配方法和分配明细尚未提及。很多企业对碳排放分配的公平性仍持怀疑态度，建议相关部门公开配额计算和分配过程的有效信息，增加分配过程的透明性。这样不仅能提升系统公信力，调动管控企业的积极性，也有利于企业的相互比较共同推进减排。此外，对管控企业外的其他投资者来说，对碳市场的了解可能更少，通过提高碳市场的透明度，可以使得用户在购买配额时能获得更多的信息以便为决策做参考，减少信息不对称带来的不确定性，提高参与意愿。

## 4.5.3 碳市场建设的科技支撑方面

建议深入开展专项研究，加强碳市场科技支撑的整体布局。目前，与碳交易相关的很多基础性研究有待推进和深入，特别是针对低碳科技支撑体系对于碳排放交易机制所能发挥的重要作用，可开展专项研究，旨在将碳交易机制的建立与低碳科技应用和推广有机结合，在利用碳交易机制加快低碳科技推广的同时，也可以为试点企业制定碳交易实施方案和制定应对策略提供重要参考和支撑。相关研究方向包括但不限于：

（1）重点行业的减排潜力和减排成本曲线研究。通过对重点行业采用不同技

术的减排潜力和成本进行评估，为企业如何应对排放控制目标（通过自主减排还是进入碳交易市场买卖配额）提供参考，同时，为政府如何制定碳价调整机制等提供技术支撑。

（2）碳排放交易制度对低碳技术创新及推广的驱动力研究。中国的低碳技术创新仍处于初步阶段，在发展低碳经济的背景下，中国政府、企业等逐渐重视并加大对企业低碳自主创新的投入，碳排放交易的开展为企业进行低碳技术创新提供了一个很好的契机。

（3）碳排放交易与相关环境政策的相融性研究。多项政策同时作用于同一管制对象时可能会出现政策之间相互掣肘，需要通过研究提升政策相融性。

（4）碳排放交易对外向型行业竞争力的影响研究。为综合考虑国际宏观经济发展动向，确保外向型行业、企业竞争力提供有力支持。

（5）碳排放交易对管制行业的价格影响及传导机制研究。主要针对发电、供热、供气、公共交通等政府主导行业，研究碳排放交易的价格影响及传导机制，为综合制定电价等改革方案提供支撑。

（6）碳排放交易对企业排放转移（碳泄漏）的影响及应对措施研究等。为开展类似研究，更好地推进碳交易工作走向深入，主管部门应建立和完善碳交易主体温室气体排放信息系统，保障相关方排放监测信息系统实现互联互通，并加强信息公开透明，为相关研究机构搭建数据信息共享平台。

（7）尽早规划统筹碳市场收益管理模式，研究建立低碳技术开发及推广基金。考虑到碳交易试点的不断扩大，以及未来免费配额逐步调减，拍卖比例逐步提升的长远发展趋势，建议尽早规划碳市场收益的管理方式，并可考虑与相关节能减排资金进行统筹，建立国家及地方层面的低碳技术开发及推广基金，为有效地推动中国低碳科技创新提供有力支撑，从而更为有效地推动各地的绿色、低碳转型。同样以加拿大阿尔伯塔的温室气体控排机制为例，政府利用控排机制产生的收益建立了"气候变化和排放管理基金"，体量达到每年近亿加元，特别是控排机制要求自第一年履约期起就要实现强度减排12%的目标，因此自第一年起该基金就筹措了大量资金，该笔基金由政府所有的企业实施市场化运作（累计已达7.45亿加元），资金使用主要有三种渠道：一是投入低碳技术开发，一般做长期技术储备，从中试做起；二是投入创新基金，面向全球公开招标，鼓励创新技术开发；三是针对该地区支柱产业——油气开发，鼓励发展油气开发行业的 CCS，技术发展基金大约拿出 15% ~ 20% 用于支持 CCS 的技术研发（而非商业推广）。关于 CCS 开发，阿尔伯塔省和联邦政府已累计拿出约 13 亿加元用于技术开发，侧重开发油气开采过程中逃逸气体的捕捉和封存，并现场就地回注地下，替代水压回注，目前试点项目已取得较好成本效益，具备商业化推广潜力。

借鉴加拿大这一模式的有益经验，建议研究建立国家及地方层面的低碳技术开发及推广基金，将碳市场的收益的一部分用于支持低碳技术开发。基金由专业团队管理，在技术开发的优先领域选择、长短期开发周期匹配等方面可以充分发挥政府主导作用。

总之，碳市场是成本有效的减排政策手段，同时与社会经济可持续发展和区域协调平衡发展密切相关，并关系到产业结构调整和产业竞争力。因此，在全国碳市场的中长期发展战略中，必须关注到低碳技术创新、能源结构调整、产业竞争力、财富分配效应和更广泛的社会经济影响。

# 参 考 文 献

陈迎，潘家华，谢来辉 . 2008. 中国外贸进出口商品中的内涵能源及其政策含义 . 经济研究， （7）： 11-25.

范英，莫建雷 . 2015. 中国碳市场顶层设计重大问题及建议 . 中国科学院院刊，30（4）：492-502.

范英，莫建雷，朱磊，等 . 2016. 中国碳市场：政策设计与社会经济影响 . 北京：科学出版社 .

何建坤 . 2011. 中国能源发展与应对气候变化 . 中国人口·资源与环境，21（10）：40-45.

何建坤 . 2013. $CO_2$ 排放峰值分析：中国的减排目标与对策 . 中国人口·资源与环境，23（12）：1-9.

李继峰，张沁，张亚雄，等 . 2013. 碳市场对中国行业竞争力的影响及政策建议 . 中国人口·资源与环境，23（3）：118-124.

李继峰，张亚雄 . 2012. 我国"十二五"时期建立碳交易市场的政策思考 . 气候变化研究进展，8（2）：137-143.

李继峰，张亚雄，蔡松锋 . 2014. 电价管制会显著降低碳交易效率 . http：//www. cnenergy. org/dujia/201411/t20141102_331536. html.

刘强，庄幸，姜克隽 . 2008. 中国出口贸易中的载能量及碳排放量分析 . 中国工业经济，（8）：46-55.

莫建雷 . 2014. 碳排放权交易机制与低碳技术投资 . 北京：中国科学院大学 .

莫建雷，朱磊，范英 . 2013. 碳市场价格稳定机制探索及对中国碳市场建设的建议 . 气候变化研究进展，9（5）：368-375.

齐晔，李惠氏，徐明 . 2008. 中国进出口贸易中的隐含碳估算 . 中国人口·资源与环境，18（3）：8-13.

沈可挺，李钢 . 2010. 碳关税对中国工业品出口的影响——基于可计算一般均衡模型的评估 . 财贸经济，（1）：75-82.

王伟光，郑国光 . 2014. 应对气候变化报告 2014：科学认知与政治争锋 . 北京：社会科学文献出版社 .

张纪录 . 2012. 中国出口贸易的隐含碳排放研究——基于改进的投入产出模型 . 财经问题研究，（7）：112-117.

赵盟，姜克隽，徐华清，等 . 2012. EU-ETS 对欧洲电力行业的影响及对我国的建议 . 气候变化研究进展，8（6）：462-468.

中国工程院项目组 . 2011. 中国能源中长期（2030、2050）发展战略研究 . 北京：科学出版社 .

Baumol W J, Oates W E. 1971. The use of standards and prices for protection of the environment. Swed J Econ, 73（1）：42-54.

Blanco M I, Rodrigues G. 2008. Can the future EU-ETS support wind energy investments? Energy Policy, 36（4）：1509-1520.

BP. 2012. Statistical review of world Energy. London，BP.

Burtraw D K, Harrison W, Turner P. 1998. Improving efficiency in bilateral emission trading. Environmental and

Resource Economics, 11 (1): 19-33.

CMS Cameron McKenna LLP. 2009. Phase III of the EU emissions trading scheme. http://www. cms-cmck. com/Hubbard. FileSystem/files/Publication/91363aa9-0327-4e2e-823d-02a825c00c31/Presentation/Publica-tionAttachment/e72356ac-0b39-4ee1-84b9-3d5ce77f32c3/2020_ Phase%20III. pdf.

Coase R H. 1960. The Problem of social cost. Journal of Law and Economics, 3: 1-44.

Crocker T D. 1966. The structuring of atmospheric pollution control systems. The Economics of Air Pollution. H. Wolozin. New York, W. W. Norton & Co.

Cui L B, Fan Y, Zhu L, et al. 2014. How will the Emissions Trading Scheme save cost for achieving China's 2020 carbon intensity reduction target? Applied Energy, 136 (12): 1043-1052.

Dales J H. 1968. Land, Water, and Ownership. The Canadian Journal of Economics, 1 (4): 791-804.

Ellerman A D. 2003. Ex post evaluation of tradable permits: the U. S. $SO_2$ cap-and-trade program. http://dspace. mit. edu/bitstream/handle/1721. 1/44996/2003-003. pdf? sequence=1.

European Commission. 2013. The EU Emissions Trading System (EU-ETS). http://ec. europa. eu/clima/policies/ets/index_ en. htm.

Fan Y, Wang X. 2014. Which sectors should be included in the ETS in the context of a unified carbon market in China? Energy and Environment, 25 (3&4): 613-634.

Farrell A, Carter R, Raufer R. 1999. The $NO_x$ Budget: Market-based control of tropospheric ozone in the northeastern United States. Resource and Energy Economics, 21 (2): 103-124.

GGAS. 2011. Introduction to the greenhouse gas reduction scheme. http://www. greenhousegas. nsw. gov. au/documents/Intro-GGAS-June11. pdf.

Grubb M, Neuhoff K. 2006. Allocation and competitiveness in the EU emissions trading scheme: policy over-view. Climate Policy, 6 (1): 7-30.

Gulbrandsen L, Senqvist C. 2013. The limited effect of EU emissions trading on corporate climate strategies: comparison of a Swedish and a Norwegian pulp and paper company. Energy Policy, 56 (5): 516-525.

Harrison D. 2004. "Expost evaluation of the reclaim emissions trading programmes for the Los Angeles Air Basin." In tradeable permits: Policy evaluation, design and reform. Paris: Organisation for Economic Co-Operation and Development.

Hübler M, Voigt S, Löschel A. 2014. Designing an emissions trading scheme for China—An up-to-date climate policy assessment. Energy Policy, (75): 57-72.

IEA. 2010. Reviewing existing and proposed Emissions Trading Systems. France: OECD/IEA.

IEA. 2012. $CO_2$ emissions from fuel combustion. France: OECD/IEA.

IPCC. 2007. Summary for policymakers-emission scenarios, special report of IPCC Working Group III. Cambridge: Cambridge University Press.

Kerr S, Duscha V. 2014. Going to the source: Using an upstream point of regulation for energy in a national

Chinese emissions trading system. Energy & Environment, 25 (3 & 4): 593-612.

Lehmann P. 2013. Supplementing an emissions tax by a feed-in tariff for renewable electricity to address learning spillovers. Energy Policy, 61 (7): 635-641.

Lo A Y. 2012. Carbon emissions trading in China. Nature Climate Change, 2 (11): 765-766.

Löfgren Å, Wråke M, Hagberg T, et al. 2014. Why the EU-ETS needs reforming: an empirical analysis of the impact on company investments. Climate Policy, 14 (5): 537-558.

McKinsey & Company. 2009. Pathways to a low-carbon economy: Version 2 of the global greenhouse gas abatement cost curve. New York: McKinsey & Company.

Mo J L, Zhu L, Fan Y. 2012. The impact of the EU-ETS on the corporate value of European electricity corporations. Energy, 45 (1): 3-11.

Mo J L, Zhu L. 2014. Using floor price mechanisms to promote CCS investment and $CO_2$ abatement. Energy and Environment, 25 (3&4): 687-707.

Montgomery W D. 1972. Markets in licenses and efficient pollution control programs. Journal of Economic Theory, 5 (12): 395-418.

RGGI (Regional Greenhouse Gas Initiative). 2007. Overview of RGGI $CO_2$ Budget Trading Program. http://rggi.org/docs/program_ summary_ 10_ 07. pdf.

Rogge K S, Schneider M, Hoffmann VH. 2011. The innovation impact of the EU Emission Trading System - Findings of company case studies in the German power sector. Ecological Economics, 70 (3): 513-523.

Sijm J, Lehmann P, Chewpreecha U, et al. 2014. EU climate and energy policy beyond 2020: Are additional targets and instruments for renewables economically reasonable? UFZ Discussion Papers, No. 3.

Sorrell S, Sijm J. 2003. Carbon Trading in the Policy Mix. Oxf Rev Econ Policy, 19 (3): 420-437.

Stavins R N. 2001. Experience with market-based environmental policy instruments. RFF discussion paper 01-58. http://www.rff.org/RFF/documents/RFF-DP-01-58. pdf.

Teng F, Wang X, LV Z. 2014. Introducing the emissions trading system to China's electricity sector: Challenges and opportunities. Energy Policy, 75: 39-45.

Tietenberg T H. 2006. Emission trading-principles and practice. 2nd edition. Washington D C: Resource For the Future Press.

Weitzman M. 1974. Prices versus quantities. Review of Economic Studies, 41 (4): 507-525.

World Bank. 2014. The state and trends of the carbon pricing. Washington D C: World Bank.

Zhang D, Rausch S, Karplus V J, et al. 2013. Quantifying regional economic impacts of $CO_2$ intensity targets in China. Energy Economics, 40 (2): 687-701.